新型职业农民培训 系列教材

# 池塘养殖实用技术

● 程明　张修建　主编

中国农业科学技术出版社

## 图书在版编目（CIP）数据

池塘养殖实用技术／程明，张修建主编.—北京：
中国农业科学技术出版社，2014.6
（新型职业农民培训系列教材）
ISBN 978－7－5116－1671－5

Ⅰ.①池… Ⅱ.①程…②张… Ⅲ.①池塘养殖－
技术培训－教材 Ⅳ.①S964.3

中国版本图书馆 CIP 数据核字（2014）第 113662 号

责任编辑　徐　毅
责任校对　贾晓红

出 版 者　中国农业科学技术出版社
　　　　　北京市中关村南大街 12 号　邮编：100081
电　　话　（010）82106631（编辑室）　（010）82109702（发行部）
　　　　　（010）82109709（读者服务部）
传　　真　（010）82106631
网　　址　http://www.castp.cn
经 销 者　各地新华书店
印 刷 者　北京华正印刷有限公司
开　　本　850mm×1168mm　1/32
印　　张　4.875
字　　数　120 千字
版　　次　2014 年 6 月第 1 版　2015 年 7 月第 3 次印刷
定　　价　16.00 元

新型职业农民培训系列教材

# 《池塘养殖实用技术》

# 编　委　会

主　任　闫树军

副主任　张长江　卢文生　石高升

主　编　程　明　张修建

副主编　王艳池　王丽仙　周晨霞

编　者　苏佳杰　毕凤敏　于　莉

　　　　李　青　黄冠军　郭敏莉

# 序

    我国正处在传统农业向现代农业转化的关键时期，大量先进的农业科学技术、农业设施装备、现代化经营理念越来越多地被引入到农业生产的各个领域，迫切需要高素质的职业农民。为了提高农民的科学文化素质，培养一批"懂技术、会种地、能经营"的真正的新型职业农民，为农业发展提供技术支撑，我们组织专家编写了这套《新型职业农民培训系列教材》丛书。

    本套丛书的作者均是活跃在农业生产一线的专家和技术骨干，围绕大力培育新型职业农民，把多年的实践经验总结提炼出来，以满足农民朋友生产中的需求。图书重点介绍了各个产业的成熟技术、有推广前景的新技术及新型职业农民必备的基础知识。书中语言通俗易懂，技术深入浅出，实用性强，适合广大农民朋友、基层农技人员学习参考。

    《新型职业农民培训系列教材》的出版发行，为农业图书家族增添了新成员，为农民朋友带来了丰富的精神食粮，我们也期待这套丛书中的先进实用技术得到最大范围的推广和应用，为新型职业农民的素质提升起到积极地促进作用。

2014 年 5 月

# 前　　言

本教材由廊坊市农业局水产站组织相关水产养殖专家编写，编写过程中根据农民认知规律和学习特点，通俗易懂，常规技术与新技术结合，具有良好的适用性和针对性。全书内容分为 4 个部分，主要包括：水产健康养殖技术、无公害水产品概论、水产动物病害防治技术、常规经济品种的养殖技术等。本教材可作为新型职业农民培训教材以及相关从业人员培训使用。

作　者

2014 年 5 月

# 目　　录

**第一章　水产健康养殖技术** ……………………………… （1）

　第一节　水产养殖概述 ……………………………… （1）

　第二节　池塘环境及改良 ………………………… （3）

　第三节　苗种培育 ………………………………… （23）

　第四节　成鱼养殖 ………………………………… （29）

　第五节　养殖管理 ………………………………… （35）

　第六节　成鱼捕捞及运输 ………………………… （40）

**第二章　无公害水产品概论** ……………………………… （44）

　第一节　无公害水产品基本概念 ………………… （44）

　第二节　发展无公害渔业的必要性 ……………… （49）

　第三节　无公害水产品认证程序 ………………… （49）

**第三章　水产动物病害防治技术** ……………………… （57）

　第一节　水产动物疾病种类 ……………………… （57）

　第二节　常见水产动物疾病的预防及治疗措施 … （59）

　第三节　渔用药物使用注意事项 ………………… （90）

**第四章　常规经济品种的养殖技术** …………………… （95）

　第一节　草鱼养殖技术 …………………………… （95）

　第二节　鲤鱼养殖技术 …………………………… （102）

　第三节　罗非鱼养殖技术 ………………………… （107）

　第四节　中华鳖养殖技术 ………………………… （113）

　第五节　鲟鱼养殖技术 …………………………… （127）

　第六节　鲫鱼养殖技术 …………………………… （133）

第七节　垂钓园的管理技术 ……………………………（139）

附录　水产养殖相关的法律法规及河北省部分地方渔业

　　标准目录 …………………………………………（145）

参考文献 …………………………………………………（146）

# 第一章　水产健康养殖技术

## 第一节　水产养殖概述

我国水产养殖历史悠久，从公元前 1 200 多年的商朝开始，距今已有 3 000 多年。内陆江河、湖泊、池塘、稻田等养殖水面积居世界首位，优越的地理位置和环境条件为发展海水、淡水养殖奠定了理想的基础，加上有品种繁多的优良水产养殖鱼类，使我国成为世界上淡水养殖业最发达的国家。2011 年，全世界渔业总产量为 1.54 亿 t，其中，养殖产量 6 300 万 t。我国渔业总产量 5 600 万 t，占世界总量的 36%。自 1986 年起我国渔业产量连续位居世界第一。2012 年，我国水产养殖产量达 3 986 万 t，占我国渔业总产量的 72.6%，占世界养殖总量 63%。我国 2012 年渔业产值达到 6 752 亿元，占大农业总产值的 12%，水产品出口额 189.8 亿美元，占全国农产品出口总额的 30%，贸易顺差 109 亿美元，是出口农产品中唯一保持顺差的产业。渔民人均收入达 11 256 元，高于农民人均收入。在全球水产养殖业中占主导地位的是淡水鱼类。淡水渔业作为渔业的重要产业之一，在促进农村产业结构调整、多渠道增加农民收入、保障食物安全、优化国民膳食结构和提高农产品出口等方面作出了重要贡献。

水产养殖业的快速发展不仅改变了我国渔业的面貌，也影响了世界渔业的格局。科技进步是推动我国水产养殖业高速发展的重要动力。主要体现在以下几方面。

## 一、拓展了水产养殖的生产领域

日益进步的科学技术提高了对资源的开发利用水平，许多从前未被利用或利用率很低的资源得到了较为充分的利用，对促进我国水产养殖业的发展起了极为重要的作用。如淡水大水面增养技术的开发和普及，使 250 万 $hm^2$ 湖泊、水库得到较为充分的养殖利用；滩涂贝类育苗、养殖技术的提高及对虾人工育苗和养殖技术的成功开发，使我国滩涂养殖利用面积达到了 75 万 $hm^2$，以贝类、藻类养殖和网箱养鱼等为主体的浅海养殖技术的推广应用，使我国 10m 等深线以内的浅海得到大面积的利用，并正在向 40m 等深线发展。低洼盐碱地的渔业利用、稻田养鱼、高密度流水养鱼、工厂化养殖技术的兴起，使水产养殖业具有了更广阔的前景。

## 二、提高了水域利用率和劳动生产率

由于各种综合高产技术的研究和应用，极大地提高了生产水平，使养殖生产的单产水平大幅度上升。

## 三、增强了开发新资源、新品种的能力

由于技术的突破，带动新产业的形成，改变了传统的生产格局。继 20 世纪 50 年代"四大家鱼"人工繁殖技术的突破，带动了淡水养殖业的巨大发展后，海带、扇贝、中国对虾及海水鱼类人工育苗技术的突破和养殖技术的发展，为 20 世纪 80 年代以来我国海水养殖业的兴起和蓬勃发展奠定了技术基础。通过引进、驯化、人工培育等方式，一大批生长性能优良，经济价值较高的新品种被开发出来并应用于生产，对优化养殖结构，发展"两高一优"水产养殖业起了重要的促进作用，例如扇贝，过去被列为"海珍品"，只有少数人能够享用，现在年产量近百万吨，已成

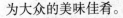

为大众的美味佳肴。

### 四、促进了渔业生产方式的变革

随着技术的进步，以牺牲自然资源和大量的物质消耗为其主要特征的传统渔业生产方式得到改善，人工控制程度和现代化程度较高的各种养殖方式得到较大发展，持续发展已越来越被重视。工厂化养鱼、网箱养鱼、流水养鱼等各种高产养殖方式，立体利用水域、水陆复合生产的生态渔业以及能量充分利用等各种高效利用模式得以较为广泛地应用，保持渔业资源和水域资源可持续利用的生产技术已越来越被生产者接受和掌握。同时，以生物技术（细胞工程及基因工程应用）、信息技术为主的渔业高新技术也有了较大发展，有些已在生产中发挥了作用。这些技术的应用加快了渔业现代化的步伐。

## 第二节　池塘环境及改良

### 一、池塘养鱼的基本条件

池塘是鱼类的生活场所。池塘的条件与鱼类的生存、生长和发育有着密切的关系。鱼类只有在适宜的环境条件下才能健康地生存和生长。池塘环境条件是很复杂的，包括许多因素，它们直接或者间接影响着鱼类。不可以孤立地看待某个因素对鱼类的影响，而应该与其他因素联系起来，从整体加以考虑。因此，创造和控制池塘的最佳环境，使池塘环境适合于鱼类的生长和鱼类天然食料的繁殖，是生产者必须重视的首要问题。对不适宜养鱼的池塘环境必须进行改良。

（一）养殖场场址条件

1. 地形、交通、电力和通讯条件

新建、改建池塘养殖场要充分考虑当地的地形、水文、水质、气候等因素，结合当地的自然条件决定养殖场的建设规模、建设标准，并选择适宜的养殖品种和养殖方式。有条件的地区可以充分考虑利用地势自流进排水，以节约动力提水所增加的电力成本。水产养殖场需要有良好的道路、交通、电力、通讯、供水等基础条件，避免因基础条件不足影响到养殖场的生产发展。

2. 水源和水质

池塘养殖场要充分考虑养殖用水的水源、水质条件，由于池塘内鱼类饲养密度较大，其投饲施肥量大，池水溶氧量往往供不应求，此种条件下水质容易恶化，导致鱼类浮头而大批死亡，充足的水源可提供含氧量较高的新水解救，同时，经常加注新水，可以改善池塘水质，有利于鱼类的生长和池中生物的繁殖。未被污染的河水、湖水和水库的水都是养鱼的好水源，但其生物组成复杂，特别是当水中有野杂鱼和敌害，引用时则应过滤。地下水的水质清澈、无野杂鱼和敌害，也是养鱼的好水源，但其水温和溶氧较低，所以，在使用时应先将井水流经较长的渠道或设置晒水池，并在井口下设置接水板，通过充分曝气，以提高水温和溶氧量。使用地下水作为水源时，要考虑供水量是否满足养殖需求，一般要求在10天左右能够把池塘注满。

水质是指水中溶解、悬浮物质的种类及含量。水质的好坏，对鱼类的生长影响很大，并与人体健康有关。近年来，由于我国工业的蓬勃发展，江河、水库和湖泊的水源已受到不同程度的污染，有些地下水含有的二氧化硫、硫化物、氮化物较高，引用要注意，鱼类等水生生物也受到不同程度的危害。水质对于养殖生产影响很大，养殖用水的水质必须符合《渔业水质标准（GB 11607—1989）》中关于渔业水质标准的规定（表1-1）。对于部分指标或阶段性指标不符合规定的养殖水源，应考虑建设水源处理设施，并计算相应设施设备的建设和运行成本。

表1-1 渔业水质标准 （单位：mg/L）

| 项目序号 | 项目 | 标 准 值 |
|---|---|---|
| 1 | 色、臭、味 | 不得使鱼、虾、贝、藻类带有异色、异臭、异味 |
| 2 | 漂浮物质 | 水面不得出现明显油膜或浮沫 |
| 3 | 悬浮物质 | 人为增加的量不得超过10，而且悬浮物质沉积于底部后，不得对鱼、虾、贝类产生有害的影响 |
| 4 | pH值 | 淡水6.5~8.5，海水7.0~8.5 |
| 5 | 溶解氧 | 连续24h中，16h以上必须大于5，其余任何时候不得低于3，对于鲑科鱼类栖息水域冰封期其余任何时候不得低于4 |
| 6 | 生化需氧量（五天、20℃） | 不超过5，冰封期不超过3 |
| 7 | 总大肠菌群 | 不超过5 000个/L（贝类养殖水质不超过500个/L） |
| 8 | 汞 | ≤0.000 5 |
| 9 | 镉 | ≤0.005 |
| 10 | 铅 | ≤0.05 |
| 11 | 铬 | ≤0.1 |
| 12 | 铜 | ≤0.01 |
| 13 | 锌 | ≤0.1 |
| 14 | 镍 | ≤0.05 |
| 15 | 砷 | ≤0.05 |
| 16 | 氰化物 | ≤0.005 |
| 17 | 硫化物 | ≤0.2 |
| 18 | 氟化物（以F⁻计） | ≤1 |
| 19 | 非离子氨 | ≤0.02 |
| 20 | 凯氏氮 | ≤0.05 |
| 21 | 挥发性酚 | ≤0.005 |
| 22 | 黄磷 | ≤0.001 |

（续表）

| 项目序号 | 项目 | 标 准 值 |
|---|---|---|
| 23 | 石油类 | ≤0.05 |
| 24 | 丙烯腈 | ≤0.5 |
| 25 | 丙烯醛 | ≤0.02 |
| 26 | 六六六（丙体） | ≤0.002 |
| 27 | 滴滴涕 | ≤0.001 |
| 28 | 马拉硫磷 | ≤0.005 |
| 29 | 五氯酚钠 | ≤0.01 |
| 30 | 乐果 | ≤0.1 |
| 31 | 甲胺磷 | ≤1 |
| 32 | 甲基对硫磷 | ≤0.0005 |
| 33 | 呋喃丹 | ≤0.01 |

### 3. 土质和淤泥

（1）土质对水质的影响。与水接触的池塘土壤，从多方面影响水质，了解土壤的各项性质，对养鱼非常重要，首先，池塘土壤必须有较好的保水性，才能保持池塘有一定的水位和肥度，如果土壤渗水性大，不但需要经常加水，而且会影响水质变肥；沙土、粉土、砾质土无保水能力，均不能用于建造池塘。壤土性质介于沙土和黏土之间，硬度适当，透水性弱，吸水性强，养分不易流失，土壤内空气流通，有利于有机物的分解。其次，土壤中含有各种无机物，它们对池水有很大的影响，比如建造在盐碱地上的池塘，水的碱度、硬度也很高。

池塘底质与一般土壤不同是通气状况不良，土壤间隙完全被水浸没，经过一定时期的养鱼后，池底积存了一层池塘淤泥，池塘原来土壤对水质的影响就逐渐减弱，这种作用被淤泥所代替。养鱼池塘由于死亡的生物体、鱼的粪便、残剩饲料和有机肥料等不断积累，加上泥沙混合，使池底逐渐形成一定厚度的淤泥。淤泥是"池塘肥料的仓库"。生产实践证明,具有一定淤泥的池塘,池水较没有或只有很少淤泥的池塘容易变肥,浮游生物繁殖较多,鲢鳙鱼等生长较好,产量较高。但是,淤泥中含有大量的腐殖质和病原体,易使池水恶化造成缺氧死鱼和发生鱼病,特别是在夏秋高温季节,遇到天气不正常,如下雷阵雨,池塘表层水温迅速下降,引起池水对流,在这种情况下,很容易造成整个池塘缺氧,引起池鱼窒息死亡。淤泥过多,病菌大量繁殖,同时,在不良环境中,鱼抵抗力减弱,因此,容易发生鱼病。一般池塘淤泥厚度 10～20cm 为宜。

(2) 池塘底质的改良可采取以下措施。

①排干池水,挖出过多的淤泥。池塘最好每年干池一次,排水后挖去池底过多淤泥,并整修池岸堤埂。淤泥中含有大量的腐殖质,可作为农田或者果园的优质肥料。

②让池底日晒和冰冻。池塘排干池水,让池底接受充分的风吹日晒,或经过冬季的冰冻,对改良底质有良好效果。可以杀死许多害虫和鱼类寄生虫,并可杀死致病细菌,因为它们不能忍受干旱。更重要的是可以提高池塘肥力,因为淤泥经过风吹、日晒和冰冻,变得比较干燥疏松,与空气的接触面增加,有利于接受大量氧气,促进淤泥中有机物质的分解,为池塘灌水后向水中提供更多的营养物质、改善溶氧状况和改良水质创造条件。

③施放生石灰。池塘排水后施放生石灰可以杀灭潜藏和繁生于淤泥中的鱼类寄生虫、病原菌和对鱼类有害的昆虫及其幼虫等,还可以改变酸性环境,使池水呈碱性,提高池水的碱度和硬度,增加缓冲能力,施放石灰对增加池水肥度也有一定作用。施用生石灰的数量视淤泥多少而定,一般每亩(1 亩 ≈ 667m$^2$。全书同)池塘用生石灰 70～80kg。

④养鱼与作物轮作。如果干池期较长,可考虑把养鱼和农作物联合起来,进行轮作。靠陆生作物的根部使土壤充以空气,更

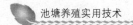

好改良底质,生长的青绿作物还可作为池塘的优良绿肥。

(二) 池塘的设施条件

1. 池塘形状和周围环境

养鱼池形状要规划、整齐,池塘的宽度应该统一,以便于使用网具和拉网操作。池塘形状主要取决于地形、品种等要求。一般为长方形,也有圆形、正方形、多角形的池塘。池塘的形状以长方形为好,长与宽的比例为 2:1 ~ 4:1,这样的池塘能够接受较多的阳光和风力,注水时易造成全池水的流转,对解救池鱼浮头有利,长宽比小的池塘,池内水流状态较差,存在较大死角和死区,不利于养殖生产。东西向的池塘能接受较长时间的日照,可促进浮游生物的繁殖和水温的提高。池塘周围不应有高大的树木和建筑物,以避免阻挡阳光照射和风力吹动,影响浮游生物的繁殖和池塘溶氧量的提高。池边不应有窝藏害虫、吸收养分和妨碍操作的杂草和挺水植物,以避免妨碍操作。

2. 面积和水深

池塘的面积取决于养殖模式、品种、池塘类型、结构等。池塘面积大,受风面大,风力易使水面形成波浪,可使空气中的氧溶入水中,提高池水的含氧量;同时,风力可促使池水对流,加强上下水层的混合,提高下层水的含氧量,这对改善水质,促进物质循环非常有利,面积较大和水深较深的池塘,溶氧状况较好,水质较稳定,因而能较好地适应肥水养鱼的要求,能在一定程度上减轻和缓和水质恶化。但是,池塘面积过大容易投饵不均而造成出池规格差异,水质肥度不易控制,饲养管理和操作不便,一般难以实现高产。池塘面积小虽然管理方便,但水质不稳定。成鱼养殖池面积一般 6 ~ 20 亩;苗种培育池面积一般 1 ~ 3 亩,苗种培育池面积太大管理不方便,水质肥度不好调节和掌握,并易受风力影响形成波浪,拍击池岸弄浑水质,影响苗种生长。

池塘水深是指池底至水面的垂直距离，池深是指池底至池堤顶的垂直距离。养鱼池塘有效水深不低于1.5m，一般成鱼池的深度在2.5~3.0m为适宜，特色品种的池塘面积一般应根据品种的生活特性和生产操作需要来确定。北方越冬池塘的水深应达到2.5m以上。池埂顶面一般要高出池中水面0.5m左右。

水源季节性变化较大的地区，在设计建造池塘时应适当考虑加深池塘，维持水源缺水时池塘有足够水量。

深水池塘一般是指水深超过3.0m以上的池塘，深水池塘可以增加单位面积的产量，节约土地，但需要解决水层交换、增氧等问题，如果池水过深，下层水光照条件差，光合作用差，溶氧低，加之底质分解消耗大量的氧气，甚至不能作为鱼类的栖息场所。

3. 池埂和护坡

池塘塘埂一般用匀质土筑成，埂顶的宽度应满足拉网、交通等需要，一般在1.5~4.5m。池埂的坡度大小取决于池塘土质、池深、护坡与否和养殖方式等。一般池塘的坡比为1：（1.5~3），若池塘的土质是重壤土或黏土，可根据土质状况及护坡工艺适当调整坡比，池塘较浅时坡比可以为1：（1~1.5）。护坡具有保护池形结构和塘埂的作用，但也会影响到池塘的自净能力。一般根据池塘条件不同，池塘进排水等易受水流冲击的部位应采取护坡措施，常用的护坡材料有水泥预制板、混凝土、防渗膜等。采用水泥预制板、混凝土护坡的厚度应不低于5cm、防渗膜或石砌坝应铺设到池底。

4. 进排水系统

池塘养殖场的进排水系统是养殖场的重要组成部分，进排水系统规划建设的好坏直接影响到养殖场的生产效果。水产养殖场的进排水渠道一般是利用场地沟渠建设而成，在规划建设时应做到进排水渠道独立，严禁进排水交叉污染，防止鱼病传播。设计规划养殖场的进排水系统还应充分考虑场地的具体地形条件，尽可能采取一级动力取水或排水，合理利用地势条件设计进排水自流形式，降低养殖成本。

养殖场的进排水渠道一般应与池塘交替排列，池塘的一侧进水另一侧排水，使得新水在池塘内有较长的流动混合时间。

5. 配套设施

养殖场所不仅要求良好的道路、交通、电力、通讯、等基础条件，还应具有和生产能力相适应的增氧、投饵、进排水等主要养殖配套设施，且专人负责，维修保养，运转正常。

（1）增氧机。目前，采用较多的是叶轮增氧机，它是一种增氧效果比较好的机械，具有增氧、搅水、曝气等综合作用。

①增氧机的作用：

增氧：一般每小时的增氧值约为 1kg/kW，负荷面积为 1~3 亩/kW。开机时能在增氧机周围保持一个溶氧较高区，而达到解救鱼的目的。

搅水：叶轮增氧机有向上提水的作用，因此，有良好的搅水性能，开机时能造成池水垂直循环流转，使上下层水中溶氧趋于均匀分布。肥水池塘晴天中午上层溶氧量经常呈过饱和状态，采用晴天中午开增氧机，造成上下水层对流，能使上层水中的溶氧传到下层去，增加下层水的溶氧量。由于下午仍有光照，浮游植物光合作用可继续向水中增氧。经过夜间池水自然对流后，上下水层溶氧均可保持较高水平，这样可以在一定程度上减轻或消除第二天清晨浮头的威胁。一般傍晚不宜开机。因为这是浮游植物光合作用即要停止，不能向水中增氧，由于开机后上下水中溶氧均匀分布，上层溶氧降低后得不到补充，而下层溶氧又很快被消耗，结果反而加快了整个池塘溶氧消耗的速度，第二天清晨更容易浮头。

曝气：增氧机的曝气作用能使池水中溶解的气体向空气中逸

出。夜间和清晨开机能加速水中有毒气体的逸出。中午开机也会加速上层水中高浓度溶氧逸出速度，但由于增氧机的搅水作用强，液面更新快，这部分逸出的氧气量相对并不高，大部分溶氧通过搅拌作用而扩散到下层去。

②增氧机的使用：增氧机的使用应根据不同情况来掌握，生产上对面积较大的池塘，功率负荷较大，实际增氧效果在短时间内不甚显著。因此，最好夜间在池鱼浮头前开机，即在含氧量为2mg/L左右，池中野杂鱼开始浮头时开机，这样可预防养鱼浮头。阴天或者阴雨天，浮游植物光合作用不强，造氧不多，耗氧因子相对增加，溶氧供不应求，这时须充分发挥增氧机的机械增氧作用，及早增氧，改善溶氧状况，预防和解救浮头。因此，最适开机时间的选择和运行时间，应根据天气、鱼类动态以及增氧机负荷等灵活掌握。采取晴天中午开，阴天清晨开，连绵阴雨半夜开，傍晚不开，浮头早开，天气炎热开机时间长，天气凉爽开机时间短，半夜开机时间长，中午开机时间短，负荷面大开机时间长，负荷面小开机时间短等方法。

（2）投饵机。池塘养鱼常用自动投饵机投饲，投饲机具有提高投饲质量、节省时间、节省人力等特点，已成为水产养殖场重要的养殖设备。投饵机要安装平稳，不可倾斜，因为倾斜时遇到下雨则很容易将抛料盘下的残留饵料积块堵塞，造成下次投喂时抛料盘不能正常转动抛出饵料，甚至严重时强行开机会将主电机烧毁。投料间隔时间和落料长短的选定，也应根据鱼的吃食情况来定，保持饵料箱内不落杂物，饵料本身不会有异物，防止造成堵塞。

（3）进排水设施。进排水设施主要有水泵、水车等设备。水泵是养殖场主要的排灌设备，水产养殖场使用的水泵种类主要有：轴流泵、离心泵、潜水泵、管道泵等。

水泵在水产养殖上不仅用于池塘的进排水、防洪排涝、水力输送等，在调节水位、水温、水体交换和增氧方面也有很大的作用。

养殖用水泵的型号、规格很多，选用时必须根据使用条件进行选择。轴流泵流量大，适合于扬程较低、输水量较大情况下使用。离心泵扬程较高，比较适合输水距离较远情况下使用。潜水泵安装使用方便，在输水量不是很大的情况下使用较为普遍。

（三）池塘的水体条件

1. 水温

水温是鱼类最重要的水体条件之一，水温不但直接影响了鱼类，而且影响其他环境条件进而间接对鱼类发生作用，差不多所有的环境条件都受到温度的制约。

（1）池塘水温变化。池塘水温和其他水体一样随着气温的变化而变化，池塘水温的变化的幅度要比气温变化小得多。一天中的平均温度，水温高于气温，白天平均水温一般低于平均气温，而晚上则高于气温。从昼夜变化看，一般14：00～15：00水温最高，比气温、地温最高温度的出现要晚一些，早上日出前水温最低。

（2）水温对养殖鱼类的影响。不同的水生生物对水温的要求不同，如罗非鱼在13℃以下死亡，四大家鱼在 -1℃以下才死亡；水温直接影响鱼类的代谢强度，从而影响鱼类的摄食和生长。各种鱼类均有适宜的温度范围，一般在适温范围内，随着温度升高，鱼类的代谢相应加强，摄食量增加，生长也加快；水温影响鱼类的性腺发育和决定产卵开始的时期；池塘的溶氧量随着水温升高而减低，水温升高鱼类代谢增强，呼吸加快，耗氧量增加，因而池塘更易产生缺氧现象。

（3）水温状况的改良。春季水温较低时，鱼池灌溉较浅的水，这样有利于池塘水温的提高；池边不宜种植高大树木，池中不应生长挺水植物和浮叶植物，以免遮蔽阳光，影响水温；引用较低水温的水，在注入池塘之前应经过一段较长的流程或储水池储存一段时间，以提高水温；有条件的地方可利用地下温泉水或工厂温排水以提高池塘水温。

2. 水色

（1）水色的形成。纯净的水是无色的，在养殖池塘水体中，水色是由养殖水体中的溶解物质、悬浮颗粒、浮游生物、池底、光线以及周围环境等因素综合形成的。如富含钙、铁、镁盐类的水呈黄绿色，富含腐殖质的水呈绿色，含泥沙的水呈土黄色。在精养池塘中，水体的颜色主要由浮游生物造成的，由于占优势种群的浮游生物的色素颜色不同池水呈现不同的颜色。

水体颜色的深浅对生物的影响主要是光线对水体的穿透量，即透明度。透明度低会降低浮游植物的光合作用和限制水生维管束植物的生长。

水体的颜色用色度表示：洁净的水在 $15° \sim 25°$，池塘水在 $50° \sim 60°$ 或更高。

（2）水色的测定。养殖生产中很少测定水体的色度，一般用直观法判定和表述，即站在池塘边的不同位置观看水面，观察实际颜色。

（3）池塘水色与富有生物和肥度的关系。在养殖生产过程中，很重要的一项日常管理工作就是观察池塘水色的变化，以大致了解浮游生物的繁殖情况，据此判断水质的肥瘦和好坏，从而采取相应的措施。依据水色判定水质好坏虽然尚缺乏较为精确的科学指标为依据，但是在这方面我国渔民积累的看水养鱼的宝贵经验仍然可以借鉴。

（4）"水华"与"赤潮"。"水华"是淡水水体中藻类过度繁殖的一种自然生态现象，在水面形成一层云斑状或带状的物体，水体呈蓝绿色或暗褐色。是水体富营养化的特征。

"水华"的危害：

①缺氧。

②中毒。

③水质恶化。

④引发疾病。

⑤破坏生态平衡。

"赤潮"是海水浮游生物大量繁殖或高密度聚集从而引起海水变色的一种自然现象。不同颜色的生物造成"赤潮"的颜色不同，同一种生物的不同浓度造成"赤潮"的颜色也不同。会带来生态失衡的一系列危害。

3. 透明度

透明度是表示光透入水中的程度。在正常天气，池水中泥沙等物质不多，透明度的高低主要决定于水中浮游生物的多少。因此，池水透明度的高低，可以大致表示水中浮游生物的多少和水质的肥度。

（1）影响透明度的主要因素。透明度的大小主要取决于水体中的浮游生物浓度、水中悬浮的有机和无机颗粒多少、光源强度和检测者视力等。无论是湖泊、水库或池塘，水体的透明度都有明显的季节变化和昼夜变化，除了雨季因洪水携带大量泥沙、腐殖质等悬浮物而降低外，一般情况下透明度主要受浮游生物影响。夏季由于浮游生物大量繁殖使透明度降低，冬季水温降低，浮游生物数量锐减使透明度升高。夜晚光线弱透明度显示低，中午光线强透明度显示高。另外，池塘的水深、底质状况也会影响到透明度，浅水、淤泥多会使池水混浊而降低透明度。正常情况下，透明度的高低主要决定于水体中浮游生物的数量。一般肥水池塘，透明度在 20～40cm，水中浮游生物量较丰富，有利于鲢鳙等鱼类的成长。

（2）透明度的适宜范围。透明度小于20cm 或大于40cm，表

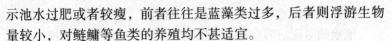

示池水过肥或者较瘦，前者往往是蓝藻类过多，后者则浮游生物量较小，对鲢鳙等鱼类的养殖均不甚适宜。

（3）水色、透明度、水生物关系，见表1-2。

表1-2 水色、透明度、水生物关系

| 指标 | 水色 | 透明度 | 浮游生物 |
|---|---|---|---|
| 瘦水 | 清淡浅蓝色或浅绿色 | 60~70cm | 数量少，往往生长丝状藻类和水生维管束植物 |
| | 暗绿色或黄绿色浮膜 | 40~50cm | 团藻类和罗藻类较多 |
| | 灰蓝色 | 低，30cm以内 | 颤藻等蓝藻类 |
| | 蓝绿色、黄绿色或翠蓝色浮膜 | 低，浑浊度大 | 微囊藻、囊球藻等蓝绿藻多 |
| 较肥的水 | 黄绿色 | 较低，浑浊度大 | 藻类种类多，绿藻、硅藻、金藻 |
| 肥水 | 黄褐色或油绿色 | 浑浊度小，25~40cm | 硅藻、隐藻多；动物以轮虫、枝角类、桡足类为主 |
| | 褐色（黄褐色、红褐色、褐色中带绿） | 15~20cm | 以硅藻为主，少量隐藻、绿藻 |
| | 绿色（油绿、黄绿） | 15~30cm | 绿藻、隐藻为主，少量硅藻 |

4. 池水的运动

池塘池水有运动现象。造成池水运动的原因主要是风和水的密度差。池水运动微弱，主要原因是因为池塘面积小，风的作用小。因水的密度差而产生的对流是池水运动的一种重要形式。纯水在4℃（严格地说为3.98℃）时，密度最大，由4℃起升温或者降温，密度均逐渐变小。白天池塘上层水接受太阳热力，水温升高，由于水的透热性和传热性小，下层水温升高慢，因此下层水的温度比上层低，密度比上层大。在这种情况下，水层间不会发生对流。但一到夜间，气温下降速度较快，当气温低于表层水温是，表层水温随着下降，密度变大，即开始下沉，下面温度较高密度较小的水就向上浮，开始了对流。

池水的对流对养鱼生产有密切关系。通过夜间的对流，把上层溶氧较高的水传下去，使下层水的溶氧得到补充，改善了下层水的水质，同时，加速了水中和淤泥中有机物质的分解，从而加快池塘物质循环的强度，提高了池塘生产力。但是由于白天池水不宜对流，夜间发生对流时，上层水中的氧本来就已经减少很多，虽然能使下层溶氧得到一定的补充和提高，但由于下层水中耗氧因子多，消耗氧量大，使溶氧又很快下降。这样就加快了整个池塘溶氧消耗的速度，容易造成池塘缺氧和凌晨池鱼浮头，这是天然状态下池水对流对养鱼不利的一面。如果池水对流在人工控制下提前于中午或者下午进行，则可及时把上层水中饱和或过饱和的氧送往下层。由于下午仍有光照，浮游植物光合作用可继续增氧，下层氧被消耗后，能得到上层氧的不断补充，这样既增加了下层水层中的含氧量，又提高了整个池塘的氧量，对改善水质和防治清晨池鱼浮头都有好处。中午或下午开动增氧机，由于它们能促使池水垂直流转，也能收到这种效果。

5. **溶解气体**

池塘水体中溶解有各种气体，池中气体的来源有两个方面，一是由空气中溶解而入；二是由于水生生的生命活动以及池中物质发生化学变化而在水体中产生。池中溶解的气体，对鱼类影响最大的是氧，其他有二氧化碳、硫化氢和氨等。

(1) 氧。鱼池中氧的来源主要是由水生植物的光合作用所产生，一部分从空气中溶解而入，空气中的氧溶解于表层水后不易传下去，在有风力作用的情况下才会有一定的溶解量。池塘中氧的消耗，主要是水中动植物的呼吸和有机物的分解等作用。

池塘溶氧的变化规律：由于池塘中浮游植物的光合作用的关系，使得水中含氧量有明显的昼夜变化，白天含氧量增高，14：00～16：00 水中溶氧常常过饱和，夜间浮游植物光合作用停止,池中只进行着各种生物的呼吸过程,使水中溶氧量大减,至黎明前降到最低值,也常常在这个时候因溶氧不足而产生鱼类浮头现象,这就是溶氧的昼夜变化;池中溶氧还有垂直变化,是由于池水透明度小,而且上层浮游生物多,下层少,因此,上层浮游植物的光合作用的强度和产生的氧量要比下层的多;由于受风力的作用,下风处的浮游生物的密度比上风处高,波浪也是下风处大,下风处的浮游植物光合作用产生的氧和空气溶入的氧都比上风处高,因此,池水的溶氧也有水平的变化;池水中含氧量常有季节变化,这是由于浮游生物因为季节的不同生物数量不同,光合作用强度不同,光合作用产氧量也不同,但在冬季冰封的情况下,从空气和总溶解氧的来源被隔断,由于池中有机物的分解和生物呼吸不断消耗氧,则容易出现缺氧现象。

水体中溶解氧与生物的关系:溶解氧过低易引起养殖生物的窒息死亡;溶解氧过高,引起养殖的幼小生物产生气泡病。

溶氧状况的改良:用胲基硫脲:50～100mg/kg 鱼注射或50～200mg/L 水喷洒体表;用双氧水;用鱼浮灵,效果好,但成本高,有效时间短;笑 氧机,每晚24:00充氧到天亮效果好;用微流水或换注新水增氧;在冬天,在冰层上打洞可防止因水体结冰而引起的水体缺氧。

(2) 二氧化碳。天然水体中二氧化碳的主要来源是水生动植物的呼吸作用以及有机物质分解而产生。水中二氧化碳的消耗主要被水生植物光合作用吸收利用,以制造营养的有机物。

水体中二氧化碳与生物的关系:

①二氧化碳是水生植物光合作用的原料,缺少二氧化碳就会限制植物的生长和繁殖。

②高浓度的二氧化碳对鱼类有麻痹和毒害作用,鱼类表现为呼吸困难,发生昏迷或仰卧现象甚至引起死亡。

二氧化碳状况的改良:对碱度和硬度偏低的池水施加石灰,

以提高水中二氧化碳的贮存；二氧化碳含量过高须控制池塘不被有机物过度污染，施放有机肥料不可过多，池底过多的淤泥必须挖出。

（3）硫化氢。硫化氢是剧毒物质。大约 0.5mg/L 的硫化氢可使健康鱼急性中毒死亡。当水中的硫化氢浓度升高时，鱼虾的生长速度、体力和抗病能力都会减弱，严重时会损坏鱼虾的中枢神经。硫化氢与鱼虾血液中的铁离子结合使血红蛋白减少，降低血液载氧能力，导致鱼虾呼吸困难，甚至会使鱼虾中毒死亡。

硫化氢的来源，一般硫化物在酸性条件下，大部分以硫化氢的形式存在。夏季在精养鱼池的底部，容易呈现缺氧状态，因为具备了产生硫化物和硫化氢的条件。硫化氢与泥土中的金属盐结合形成金属硫化物，致使池底变黑，这是硫化氢存在的重要标志。

防止硫化氢的产生：

①主要的措施是提高水中氧的含量，尽力避免底层水缺氧。此外应避免含有大量硫酸盐的水进入池塘。如果提供给鱼池的水源中含有硫化氢，则需用压缩充气机将水剧烈地充气，使水中氧量达到饱和点，并将所有的硫化氢去除殆尽。

②控制 pH 值：pH 值越低，发生硫化氢中毒的机会越大。一般应控制 pH 值在 7.8～8.5，如果过低，可用生石灰提高 pH 值，但应注意水中氨氮的浓度，以防引起氨氮中毒。

③经常换水：使池水有机污染物浓度降低，也可使用氧化铁剂，使硫化氢成为硫化铁沉淀而消除其毒性。

④干塘后彻底清除池底污泥，如不能清除，应将底泥翻耕曝晒，以促使硫化氢及其他硫化物氧化。

⑤合理投饵，尽量减少池内残饵量，定期施用浓缩光合细菌等。

（4）氨。氨的产生是由于在氧气不足时含氮有机物分解而产生的，或者是由于氮化合物被反硝化细菌还原而产生。水生动物代谢的最终产物一般是以氨的状态排出。

氨的危害：

①在 0.01～0.02mg/L 低浓度下，水产动物可能慢性中毒出现下列现象：一是干扰渗透压调节系统；二是易破坏鳃组织的黏膜层；三是会降低血红素携带氧的能力。鱼虾长期处于此浓度的水中，会抑制生长。

②在 0.02～0.05mg/L 次低浓度下，氨会和其他造成水生动物疾病的原因共同起叠加作用，加重病情并加速其死亡。

③在 0.05～0.2mg/L 次致死浓度下，会破坏鱼虾皮、胃肠道的黏膜，造成体表和内部器官出血。

④0.2～0.5mg/L 的致死浓度之下，鱼虾类会急性中毒死亡。发生氨急性中毒时，鱼虾表现为急躁不安，由于碱性水质具较强刺激性，使鱼虾体表黏液增多，体表充血，鳃部及鳍条基部出血明显，鱼在水体表面游动，死亡前眼球突出，张大嘴挣扎。

防治：

①增氧。

②降低 pH 值。

③换水。

④生物处理（光合菌）养鱼中使用铵态氮肥（硫铵、碳铵、硝铵）时，应避免 pH 值过高。铵态氮肥与生石灰不可同时使用，一般应相隔 10 天以上。

（5）亚硝酸盐。亚硝酸盐来源：氨态氮（即氨氮）在水中生态循环，一部分被藻类所利用，促进藻类生长繁殖。大部分被异养型硝化细菌转化成亚硝酸盐，再经亚硝化细菌转化成硝酸盐，硝酸盐经反硝化细菌再进一步转化成游离氮，逸出水体进入大气。在这一过程中，一旦硝化过程受阻，亚硝酸盐就会在水体内积累。

亚硝酸盐的毒性：

①亚硝酸盐可使鱼虾类血液中的亚铁血红蛋白被氧化成高铁血红蛋白，从而抑制血液的载氧能力。鱼类长期处于高浓度亚硝酸盐的水中，会发生黄血病或褐血病。亚硝酸盐在水产养殖中是诱发暴发性疾病的重要的环境因子。

②当水中亚硝酸盐达到 0.1mg/L 时，鱼虾红细胞数量和血红蛋白数量逐渐减少，血液载氧逐渐丧失，会造成鱼虾慢性中毒。此时鱼虾摄食量降低，鳃组织出现病变，呼吸困难，骚动不安。

③当亚硝酸盐达到 0.5mg/L 时，鱼虾某些代谢器官的功能失常，体力衰退，此时鱼虾很容易患病，很多情况下鱼虾暴发疾病而死亡，就是由于亚硝酸盐过高造成的。亚硝酸盐过高可诱发草鱼出血病。鳗鱼亚硝酸盐中毒时鱼体发软，胸部、臀部带浅黄色，肝脏、鳃、血液呈深棕色。对虾中毒时，鳃受损变黑，导致死亡。

改良：

①定期换注新水。

②保持养殖池或育苗池长期不缺氧。

③少施无机氮肥。

④定期使用水质改良剂如光合细菌等。泼洒沸石粉每亩 30～50kg（100～150 目粒度），利用沸石粉的吸附作用，降低水体中的氨氮、亚硝基态氮，氨离子交换吸附于表面并沉降至池底，从而起到降氨作用。

（6）酸碱度（pH 值）。pH 值是水质的重要指标，决定着水体中的很多化学和生物过程，水体中生物的光合作用、呼吸作用和各种化学变化均能引起 pH 值的变化，pH 值的变化对水产养殖动物和水质均有很大影响。

水产养殖动物对酸碱度的适应性：弱碱性（pH 值 7.5～8.5），过高或过低均不利生长。对虾 pH 值≤7：蜕皮受阻；pH

值≤4：无法生长；酸性水中（pH 值低于 6.5）可使鱼虾血液的 pH 值下降，削弱其载氧能力。造成生理缺氧症，尽管水中不缺氧但仍可使鱼虾浮头。由于耗氧降低，代谢急剧下降，尽管食物丰富，但鱼虾仍处于饥饿状态。pH 值过高的水则腐蚀鳃组织，引起鱼虾大批死亡。如鳗鱼在 pH 值低于 5 时，鳃变红褐色黏液分泌增多，呼吸衰竭而死亡。pH 值在低于 4 或高于 10.5 时，鱼虾不能存活。

改良：pH 值过低，用生石灰、沸石粉调节。pH 值过高，换水；用降碱灵（棕榈聚合活性酸）。

（7）溶解盐类。池塘水中含有大量的溶解盐类，它们也是影响鱼类生长的因素，在池水中，对于鱼类生长有益的溶解盐类一般称为营养盐，主要有硝酸盐、磷酸盐、碳酸盐、氯化物等，这些是浮游植物生长、繁殖的营养源，所以溶解盐类和鱼产量的高低有极密切的关系。

（8）溶解有机质。池塘中由于投喂人工饲料和施放有机肥料而带入大量有机物质；池中死亡的有机体和生物排出的废物等也是有机物质的主要来源。有机物质可作为鱼类的饵料，又是细菌的营养物质，也是供给水中植物营养的肥分来源。一般来说，水中有机物质多，池塘生产力也较高。但由于有机物质分解需消耗大量的氧，如数量过多，消耗氧量大，易引起池塘鱼缺氧；同时，也为致病菌的繁殖创造条件，容易发生鱼病。因此，有机物过多也是有害的。

## 二、放养前的准备

（一）池塘修整

养殖空闲时间，应把池水排干，清除过多淤泥，让池底充分得到风吹和日晒；应修整池边，加固堤埂，疏通注排水渠道等。

（二）药物清塘

用药物杀来池塘各种敌害、野杂鱼和致病菌。淡水池塘常用清塘药物有生石灰、漂白粉。海水池塘常用清塘药物有茶粕、鱼藤精。

1. 生石灰清塘

生石灰遇到水产生氢氧化钙，氢氧化钙为强碱性，其氢氧根离子在短时间内使池水的 pH 值升高到 11 以上，能杀死野杂鱼、敌害生物的病原体。生石灰清塘产生的氢氧化钙吸收二氧化碳生成碳酸钙沉淀。碳酸钙能疏松淤泥，改善底泥的通气性和通气环境，释放营养盐类、加速有机质分解，起到改良底质和施肥的作用。生石灰清塘提高了池水硬度，增加缓冲性，起到改良水质的作用。

生石灰清塘分干池清塘和带水清塘两种方法。干池清塘是将池水排干（或留有少量水），将生石灰均匀堆放池中，加水溶化，不待冷却立即把石灰浆均匀泼洒。干池塘生石灰的用量为 $0.1 \sim 0.2 kg/m^2$。带水清塘是将深化的石灰浆趁热向池塘均匀泼洒，水深 1m，生石灰的用量为 $0.25 \sim 0.3 kg/m^2$。

2. 漂白粉清塘

漂白粉一般含有效氯 30% 左右，经水解产生次氯酸和碱性氯化钙，次氯酸立即释放出新生态氧；新生态氧有强烈的杀菌和杀死敌害生物的作用。漂白粉干池清塘的用量是 $7 \sim 8g/m^2$。方法是将漂白粉溶解后立即向池塘中均匀泼洒。带水清塘，水深 1m 的用量为 $20g/m^2$。

3. 茶饼（粕）清塘

茶粕（饼）是山茶科植物（油茶、茶梅或广宁茶等）的果实榨油后所剩余的渣滓。茶粕含有皂角甙，是一种溶血性毒素，可使动物血红素分解。用于清塘能杀死野杂鱼、蛙卵和蝌蚪、螺蛳和部分水生昆虫等，没有杀灭细菌的作用。

茶粕清塘的用量：水深 15cm，用 15~25g/m²；水深 1m，用量为 60~70g/m²。清塘方法是将茶粕粉碎，用水浸泡 1h 后，向池塘中均匀泼洒。

4. 鱼藤精清塘

鱼藤精是豆科植物（鱼藤、毛鱼藤）根部的提取物，内含 25% 的鱼藤精（酮），为黄色结晶体，能溶解于有机溶剂，对鱼类和水生昆虫有杀灭作用。鱼藤精清塘的浓度为 2.0~2.5mg/L。清塘方法是先用酒精稀释、加水后向池塘中均匀泼洒。

（三）注水和肥水

放养前加注新水，水深 70~80cm 为宜；以后随养殖对象生长和水温升高，还需加注新水，加深水位。放养前还应肥水，培养饵料生物。

# 第三节　苗种培育

在鱼类的养殖生产过程中，苗种的数量、质量以及规格对于鱼类的发育成长至关重要，而且直接影响到成鱼的产量。所以，要提高养殖业效益、发展渔业生产，必须重视苗种培育。本节内容以草鱼、鲢鱼、鳙鱼为例讲解亲鱼培育、亲鱼选择、鱼种培育各生产阶段的技术措施。

## 一、亲鱼培育

（一）亲鱼来源

（1）从选育长江水系草鱼、鲢、鳙的原种场或科研单位引进。

（2）从长江捕获的鱼苗或鱼种中进行科学培育和群体选择。

（3）从长江捕获亲鱼中进行选择。

（二）鱼池条件

面积2～5亩，水深2.5～3m，不渗漏，池底平坦，水源充足，水质清新，无污染，排灌方便，靠近产卵，孵化场地。使用前彻底清塘，施足基肥。

（三）放养

静水池塘亩放养量不大于150kg，主养草鱼的池塘，草鱼约80%，搭配鲢或鳙20%左右；主养鲢的池塘，鲢60%～70%，搭配草鱼、鳙鱼各15%～20%；主养鳙的池塘，鳙约80%，搭配草鱼20%左右。亲鱼池内不得套养鱼种。

（四）饲养管理

1. 春季

草鱼池每亩日投30～50kg青饲料，辅以麦芽、豆饼等精料或配合饲料。草鱼池精料日投喂量：水温8～12℃时，为鱼体重的1.5%～2%；12～16℃时，为鱼体重的3.5%～4%；主养鲢、鳙亲鱼池要看水追肥，培育浮游生物，供主养鱼摄食，同时，辅以豆浆，麦麸等精料，促进亲鱼生长发育；对配养草鱼也要投喂部分青绿饲料和麦芽、谷芽、豆饼等。

2. 夏季

亲鱼产后体质较弱，主要投喂营养丰富的精料，一个月后改以天然饵料为主，辅以精料。

3. 秋季

主养草鱼池喂足青饲料，日投饵量占鱼体重量40%左右，适当投喂精料。主养鲢、鳙鱼池，看水追肥，适当投喂豆浆、豆饼粉等商品饲料。日投饵量占鱼体重2%～3%。

4. 冬季

当水温下降到10～6℃时，宜在晴天无风中午适当投喂精料，日投喂为鱼体重的0.5%左右。鱼池结冰封冻时，要破冰或采取其他增氧措施，防止亲鱼窒息死亡。

### 5. 水质管理

草鱼池要求水质清新，透明度 30cm 以上，凌晨溶氧不低于 4mg/L，经常冲注新水，除冬季外，每月不少于 2 次，临产前一个月 3~5 天注水 1 次，每次 20~30cm。鲢、鳙鱼池，透明度 25cm 左右，溶氧不低于 3mg/L，注水，夏秋季每月 1~2 次，春季，3 月不少于 2 次，4 月 3~4 次，每次注水 10~20cm。

## 二、亲鱼选择

### （一）最佳使用年限

用于鱼苗繁殖的亲鱼使用年限，草鱼 14 足龄，鲢 12 足龄，鳙 15 足龄，亲鱼繁殖年龄、体重，见表 1-3。

表 1-3　亲鱼繁殖年龄、体重

| 品种 | 性别 | 开始繁殖足龄 | 开始繁殖最小体重（kg） |
| --- | --- | --- | --- |
| 草鱼 | 雌 | 5 | 7 |
| | 雄 | 4 | 5 |
| 鲢鱼 | 雌 | 4 | 5 |
| | 雄 | 4 | 3 |
| 鳙鱼 | 雌 | 5 | 10 |
| | 雄 | 4 | 8 |

### （二）成熟度

雌鱼，腹部膨大、柔软有弹性，若腹部朝上，两侧卵巢轮廓明显。取卵检查，成熟的卵粒大小整齐，颗粒饱满，粒粒分离，颜色鲜明，卵核偏位极化。雄鱼轻压腹部，有乳白精液流出，入水均匀散开。

### （三）性比

自然受精，雌雄比为 1∶1~1∶1.5。

（四）催产

1. 产卵池

设在水源充足，水质良好，排灌水方便，靠近亲鱼池和孵化场地、以圆形和椭圆形为好，每只池 60～100m²，水深 1.5m 左右。具有滤水池和集卵池等设备。

2. 水温

催产适宜水温 20～30℃最适水温 22～28℃。

3. 催产剂

有绒毛膜促性腺激素（A 型和 B 型）、促黄体素释放激素 $A_2$ 和 $A_3$ 等。

（五）孵化

1. 孵化用水

水质清新，无污染，严格过滤，无杂物和其他有害生物，溶氧 4mg/L 以上。

2. 孵化密度

孵化缸（桶）每立方米水放卵 200 万粒左右，孵化环道每立方米水放卵 80 万～100 万粒。

3. 孵化管理

（1）控制水流：开始时水流以能冲散鱼卵不沉积为原则。鱼卵脱膜前后适当加大水流，鱼能流动时，适当减小水流。

（2）洗刷和检查滤水设备：滤水设备和纱罩、纱窗要经常洗刷检查，保证进出水畅通，遇有损坏及时修理，防止漏卵逃苗。

（3）杀灭剑水蚤：90% 晶体敌百虫 0.3～0.5mg/L 的浓度。

（六）出苗

鱼苗孵出后 3～4 天，鳔充气，能平游，即可出苗计数下塘或销售。

## 三、鱼种培育

（一）夏花培育

1. 鱼池

面积 1~5 亩，水深 1.5~2m，不渗漏，池底平坦，淤泥较少，水源充足，注排水方便。

2. 清塘与施肥

用生石灰等药物彻底清塘消毒。生石灰用量：干法（留池水深 6~10cm）每亩 60~75kg；带水法每亩每米水深用 125~150kg。生石灰清塘，一般 7 天左右药性消失。在鱼苗下塘前 3~5 天，每亩施有机肥 200~300kg，干法清塘应适当加水，培育浮游生物。

3. 放养

试水：清塘后，预计药性消失。用塘水养鱼苗进行试水，确定无害后才能放养鱼苗。

4. 密度

一般为单品种放养，亩放 8 万~12 万尾。

5. 投饵施肥

鱼苗下塘后投喂豆浆，每天每亩用黄豆 2~2.5kg，浸泡后磨成浆，上下午各 1 次，全池泼洒。5 天后增加 3~4kg，以后视鱼苗生长和水质情况酌情增减，同时，7~10 天追肥 1 次，每亩用有机肥 150~200kg。

6. 分期注水

注水 3~4 次，每次注水 10~15cm，最后加至最大水位。

7. 巡塘

每天早午晚各一次，捞除池内污物、蛙卵，观察水色、鱼群活动情况，安排次日投饵、施肥数量和注水、防病工作等。

### 8. 拉网分塘

鱼苗经 15~20 天培育，长至 3cm 左右，即可拉网分塘。第一网，检查鱼苗的生长情况即放回原塘；隔天拉第二网，密集锻炼 2h 左右再放回原塘；再隔一天拉第三网，适当筛选后，过数分塘，继续培育鱼种。鱼苗至夏花成活率一般 60%~70%。

### （二）鱼种培育

#### 1. 鱼池面积

面积 1~5 亩，水深 1.5~2m，不渗漏，池底平坦，淤泥较少，水源充足，注水方便。

#### 2. 清塘与施肥

用生石灰等药物彻底清塘消毒。生石灰用量：干法（留池水深 6~10cm）每亩 60~75kg；带水法每亩每米水深用 125~150kg。生石灰清塘，一般 7 天左右药性消失。在鱼苗下塘前 3~5 天，每亩施有机肥 200~300kg，干法清塘应适当加水，培育浮游生物。

#### 3. 放养

试水：清塘后，预计药性消失。用塘水养鱼苗进行试水，确定无害后才能放养鱼苗。

#### 4. 放养密度

一般采取混养，亩放夏花 1 万尾左右。一般混养形式：草鱼，亩放 7 500 尾，搭配鲢 2 500 尾；鲢 8 500 尾，搭配团头鲂 1 500 尾；鳙，亩放 8 000 尾，搭配草鱼 2 000 尾。此外还可搭配少量鲤、鲫夏花。

#### 5. 出塘规格

视池塘条件和饲养管理水平而异，一般要求出塘鱼种规格 15cm 左右，亩产 300~500kg。

#### 6. 饲养管理

每天早晨巡塘观察水色和鱼的动态，清除池边杂草和池中腐败杂物，清扫食台（场），并定期消毒；适时注水改善水质；定期拉网筛选，提大留小，注意防逃防病等。

7. 并塘越冬

水温降至10℃左右，选择晴天并塘越冬，按不同鱼、不同规格分类计数，放入越冬池。越冬池面积2～3亩，水深2.5m左右，亩放15cm左右的鱼种3万～5万尾。越冬期间水质保持一定肥度；适时投饵，一般每周2次，每次为鱼体重0.5%～1%。鱼池封冻时要采取破冰增氧措放，防止鱼种窒息死亡。

# 第四节　成鱼养殖

## 一、苗种选择、消毒及投放

### （一）苗种选择

要求体质健壮，同种同龄的苗种，规格整齐，体表光滑，背部肌肉厚，色泽鲜明，无伤无病，游泳活泼，溯水力强，离水后放在盆中鳃盖不张，尾部弯曲，跳动不止；经具备资质的专业技术人员检验，符合种源质量及遗传育种要求，经具有资质的水产苗种检疫人员按照国家标准检疫合格后，再用于渔业生产。

### （二）苗种放养规格

根据鱼类的生长一般规律，鱼体越小相对增重率越大，同时，食物用于生长所占的比值也越大，因此，在养成的食用鱼在符合市场要求规格的前提下，以放养低龄的较小鱼种为合适。鲢鳙鱼一般都是放养1龄鱼种，以较大的饲养密度，获得较高的产量。鲤鱼、鲫鱼等也都是放养1龄鱼种，虽然养成的食用鱼规格小，但是鱼产量高。草鱼饲养周期长而且草鱼在较高龄时期生长速度比鲢鳙鱼快，草鱼在饲养中需要摄食草类，规格小，摄食能力差，会影响其生长，因此，草鱼鱼种必须是较大规格的。

（三）苗种消毒

苗种放养前必须先进行消毒，以防苗种带病下塘。一般采用药浴方法，常用药物用量及药浴时间有：3%～5%的食盐水5～20min；15～20mg/L的高锰酸钾5～10min；10～20mg/L的漂白粉溶液5～10min。药浴的浓度和时间需根据不同的养殖品种、个体大小和水温、pH值等情况灵活掌握，以苗种出现严重应激为度。苗种消毒操作时动作要、轻、快，防止种苗受到损伤，一次药浴的数量不宜太多。

（四）苗种投放

选择无风的晴天，入水的地点选在向阳背风处，将盛苗种的容器倾斜于池塘水中，让苗种自行游入池塘。

## 二、放养方式

池塘养鱼以高产、高效为目的，鱼种放养应采用混养或者轮养方式。

（一）混养鱼类的生物学特性

主要养殖鲢鱼、鳙鱼、草鱼、鲤鱼、鲫鱼等，从它们的栖息习性来看，相对地可分为上层鱼、中下层鱼和底层鱼3类，即鲢鳙鱼为上层鱼，草鱼为中下层鱼，鲤鱼、鲫鱼为底层鱼类。因此，将这些鱼混养在同一个池塘汇中，可以充分利用池塘各个水层，同单养一种鱼类相比较，可以增加池塘单位面积的放养量，从而提高池塘产量。从食性上看，鲢鳙鱼是典型的吃浮游生物的鱼类，草鱼主要吃草类，鲤鱼、鲫鱼吃底栖动物，也吃一些有机碎屑，将这些鱼类混养在一起，就能更充分地利用池塘中的各种食料资源，更好地发挥池塘的生产潜力。

（二）混养类型

池塘合理混养，首先要确定主体鱼，即它在放养和产量中所占比例较大，为饲养管理的主要对象。主体鱼的选定主要根据鱼种来源、饲料供应、池塘条件和养殖鱼类具有较好的市场前景。其次确定配养鱼类，即它们在放养和产量中所占比例较小，在饲养管理中处于次要地位。配养鱼的选定，在一定程度上也受到鱼种来源、饲料供应、池塘条件和养殖鱼类具有较好的市场前景这些条件的限制，但主要还视主体鱼的种类而定。

淡水池塘养鱼混养的模式如下。

（1）以草鱼为主，混养鲢、鳙等。草鱼比例为 80%，鲢 10%，鳙、鲤分别为 5%。饲养方法是投喂各种旱草和水草，饲养草鱼的同时，培养了浮游生物，为鲢、鳙提供了饵料；放养的鲢、鳙可控制水体肥度，为草鱼、鲤等净化了水质。

（2）以鲤为主，混养鲢、鳙等。鲤比例为 80%，鲢 10%，鳙、鲫分别为 5%。这种方式的特点是鲤放养密度大，投喂颗粒饲料，主养鲤的同时肥水，为鲢、鳙提供了饵料；放养鲢、鳙可控制水体肥度，为鲤、鲫等净化了水质。

（3）以鲢、鳙为主，混养鲤、鲫、团头鲂、鲴等。鲢占比例为 40%，鳙 10%，鲤、鲫、团头鲂、鲴分别占 10%，其特点是以施肥为主，依靠培养饵料生物获得鱼产量，是一种"节粮型"饲养方式。

### 三、放养密度

确定放养密度时应从以下几方面考虑。

（1）依据饲养条件、技术水平和能力确定产量目标，优良好水源的池塘，苗种密度可适当提高，鱼的食料充足放养密度可增大，池塘混养的种类多，放养密度可提高，饲养管理工作精心、管理水平较好的，放养密度可提高。

（2）以放养鱼种在预定时间内达到商品规格为前提，充分发挥养殖鱼类的生长潜力。

（3）以高产、高效为目标，最大限度发挥池塘的生产潜力。

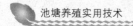

常规鱼类养殖的放养密度见第四章。

### 四、轮捕轮放

轮捕轮放主要是做到整个养殖期间始终保持池塘鱼类较合理的密度，有利于鱼体的成长和充分发挥池塘生产潜力。因为食用鱼池塘一般密度较大，在饲养后期，由于鱼体长大，往往形成池塘鱼密度过大而生长受到抑制，增重不多的现象，实施轮捕轮放措施，便可在一定程度上解决这个矛盾。

轮捕轮放的主要形式如下。

（1）一次放足，分期捕捞，捕大留小；鱼种一次放足，到夏、秋分批适量地起捕一部分成鱼，同时，补放一部分鱼种，这样有利于留池鱼继续正常生长，提高鱼产量。

（2）分期放养，分期捕捞，捕大补小。

（3）多级轮养，从鱼苗养到商品鱼分级（分池塘）饲养，即不同规格鱼种采用不同密度饲养，当密度（贮存量）达到或接近鱼载量时，捕捞、分塘降低密度，保持池塘贮存量与鱼载量相适应和养殖鱼类的快速生长。

轮捕轮放不仅提高了产量，还可以在夏、秋供应市场一部分成鱼，对养鱼生产来说也可加速资金周转，有利于促进生产。

### 五、饲料的选择和投喂

（一）饲料的选择的一般原则

根据动物对营养的需要，选择合理的饲料，选择和调配饵料时，除蛋白质、脂肪和能量，还要考虑微量元素和维生素的需要；根据水温和鱼的生长情况及时调整饲料配方，如幼鱼阶段生长速度快，对饲料蛋白质需要量高，应选择高蛋白，低脂肪的饲料；根据养殖对象的摄食方式选择饲料类型，如滤食方式的鲢鳙鱼可选择粉状饲料，吞食方式的鲤鱼可选择硬颗粒饲料或膨化饲料；吞食方式的养殖鱼类，根据个体大小选择适宜的颗粒饲料。

（二）饲料投喂的基本要求

1. 投饵原则

匀、足、好是总原则。按此原则去投喂，才能保证池鱼吃饱、吃好、快速生长。就是根据鱼的需要量，每天均匀地投喂。这样，不仅可预防疾病保证正常生长，而且可以提高饵料效率。时多时少或喂喂停停等不规律的投饵，会导致饵料系数增大，还会出现"一日不喂，十日不长"的恶果。在一年中，要按池鱼的实际需要进行均衡投饵，否则，也不能提高饵料效率。足，就是以最适的投饵数量，满足鱼类的需要。好，是饵料质量优等，即新鲜、营养全面、适口等。目前，常用的配合饲料，往往只是多种原料的混合，所以大多数的鱼用饲料营养并不齐全，在投喂时适当补充一些鱼所喜食的天然饵料，以弥补营养的不全。在正确掌握匀、足、好总原则时，应注意足是基础，足中求匀，足中求好。饲料投喂技术水平的高低直接影响鱼类养殖的产量和经济效益的高低，因此，必须对投饵技术予以高度的重视，要认真贯彻四定（定质、定量、定位、定时）和三看（看天气、看水质、看鱼情）的投饵原则。

2. 投饵量

为做到计划生产，确保"匀、足、好"投饵，必须在放养之前，进行全年所投饵的估算，衡量能不能保证计划放养鱼类的需要。每日的投饵，通常的计算方法是：根据全年的计划投饵量和各月的百分比来计算，所求得的数，是该月的总投饵量，除以全月天数，得出日平均投饵量。一般中旬可按此平均数投喂，上旬则应低于中旬用量，但需高于上月下旬的用量，下旬则应高于中旬的量，低于下月下旬的量。如果完全投喂精料，日投饵可按鱼类递增体重计算目前按体重计算日投饵量的方法。

### 3. 投喂次数

投喂次数是指日投饲量确定以后投喂的次数。我国主要淡水养殖鱼类多属于鲤科鱼类的"无胃鱼"，摄取饲料由食道直接进入肠内消化，一次容纳的食物量远不及肉食性有胃鱼类。因此，对草鱼、团头鲂、鲤鱼、鲫鱼等无胃鱼，采取多次投喂，可以提高消化吸收率和饲料效率。

### 4. 投喂时间

第一次投喂时间应从 8：30 开始，最后一次应在 16：00 结束。每次投喂时间应持续 20～30min 为宜。如果早晨发现鱼类浮头，则一定要待浮头平息后才能投喂。如水温过高，下午投喂时间可适当推迟；如遇雷阵雨或者天气闷热气压低，则应推迟、减少或者停止投饲。

（三）饲料和饲料添加剂管理条例中的规定

（1）饲料：经工业化加工、制作的供动物食用饲料。饲料分为单一饲料、添加剂预混合饲料、浓缩饲料、配合饲料和精料补充料。

国务院农业行政主管部门负责全国饲料、饲料添加剂的管理工作。饲料添加剂的品种目录也由国务院农业行政主管部门制定并公布。

（2）饲料添加剂：在饲料加工、制作、使用过程中添加剂的少量或者微量物质，包括营养性饲料添加剂和一般饲料添加剂。

（3）营养性饲料添加剂：用于补充饲料营养成分的少量或者微量物质，包括饲料级氨基酸、维生素、矿物质微量元素、酶制剂、非蛋白氮等。

（4）一般饲料添加剂：为保证或者改善饲料品质、提高饲料利用率而掺入饲料中的少量或者微量物质。

（5）药物饲料添加剂：为预防、治疗动物疾病而掺入载体或者稀释剂的兽药的预混合物，包括抗球虫药类、驱虫剂类、抑菌促生长类等。

## 第五节　养殖管理

"管"是八字精养法的最后一个字。一切养鱼的物质条件和技术措施，最后都要通过池塘的日常管理工作，才能发挥其作用，所谓"各种措施千条线，通过管理一根针"，形象地说明了管理工作的重要性。

池塘日常管理工作必须精心细致，经久不断，充分发挥人的主观能动作用，才能保证获得高产。因为池塘养鱼是一项很复杂的生产活动，它牵涉到气象、水质、鱼的活动状况等各方面因素，这些因素相互影响并时刻变动着，因此，管理人员一定要细心体察情况，积累经验，摸索规律，根据具体情况的变化，采取相应措施。如果工作粗心疏忽，是不能发现问题和解决问题的，定将造成事故，给生产带来损失。

### 一、日常管理

（1）经常巡视池塘，观察池鱼动态，一般每天早、中、晚巡塘3次：黎明时观察池鱼有无浮头现象，浮头程度如何；日间结合投饵和测水温等工作，检查池鱼活动和吃食情况；近黄昏时检查全天吃食情况和观察有无浮头预兆。酷暑季节，天气突变时。鱼易发生严重浮头，还须在半夜前后巡塘，以便及时制止浮头，防止泛池发生。

浮头是由于水体缺氧养殖鱼类浮到水面的一种现象，泛池是指由于水体缺氧、水质恶化等原因造成的死鱼事故。养殖池塘一般鱼类密度较大，特别是精养鱼池，容易发生浮头和泛池，主要原因是投饵施肥量大，水中有机物质多，耗氧也多；池水老化，产氧能力低或者分解耗氧；连绵阴雨，光照差，影响光合作用产氧；浮游动物或者养殖鱼类数量多，耗氧严重。

浮头轻重的判定：浮头在黎明时开始为轻浮头；鱼在池塘中央部分浮头为轻浮头，如扩及池边，整个池面都有鱼浮头为较重浮头；浮头的鱼稍受惊动即下沉，稍停又浮头，表示浮头较轻，如果鱼受惊时不下沉，说明水中已极度缺氧，为重浮头；缺氧浮头，各种鱼的次序不一样，可据以判断浮头的轻重，罗非鱼、野杂鱼和虾在岸边浮头为轻浮头，鲢鳙鱼浮头为一般性浮头，草鱼、青鱼浮头为较重浮头，鲤鱼浮头更重。发生浮头时应及时采取增氧措施。

（2）随时除草去污，保持水质清新和池塘环境卫生，及时防除病害。池塘水质既要较肥，又要较为清新，含氧量较高，有利于鱼类的摄食和生长。因此，除了必须根据施肥情况和水质变化，经常适量地加注新水调节水质和水量外，还要随时捞除水中污物、残渣，割去池边芦苇、杂草，以免污染水质，影响水中的溶氧量。经常性的池塘清洁卫生工作往往容易被忽视，其实这是防病除害的重要环节，只有在保证鱼池卫生的基础上，才能谈到防治鱼病。

（3）掌握池水注排，保持适当水量。平时要随着鱼体成长，结合调节水质，适当增加池塘水量。根据情况，10 天或 15 天注水 1 次，以补充蒸发消耗，稀释池水，保持一定水位，有利于鱼类成长。旱季应做好防旱工作。雨季做好防涝和防逃工作。

（4）定期检查鱼体，做好池塘日志。每隔一定时间（半月或一月）或结合轮捕检查鱼体成长度，可据此判断前阶段养鱼效果的好坏。结合其他情况，必要时对下阶段的技术措施进行调整（如增减饲料、肥料量，改进投放方法，调节水质、水量，实行多级轮养时则根据鱼的生长情况适当调整的放养量等）。如发现有病鱼，应及时采取防治措施。

池塘日志是有关养鱼措施和池鱼情况等的简要记录，据以分析情况、总结经验、检查工作的原始数据，和作为下一步改进技术，制订计划的参考。实行科学养鱼，一定要做好每口池塘的日志，这是最基本的工作。

**二、越冬管理**

保证鱼类安全越冬，不仅要创造良好的环境条件，而且应加强越冬管理。实践证明，管理得好，就是条件差一点，也可避免或减少鱼类越冬死亡。

（一）专人负责，及时检查越冬情况

越冬池一定要有专人管理，建立适当的越冬管理制度，经常检查越冬池有没有漏水现象，特别是流水越冬池的注排水口有无冻结，水流是否畅通，会不会逃鱼。

在越冬期间应定期检查水质、水色、池鱼活动情况，特别是要定期测定分析水中溶氧量，一般每星期检查一次，春节后应每天检查一次。当池水溶氧降到 3mg/L 时，便应采取增氧措施。在没有分析水质条件的地方，可以打冰眼观察水色和生物的活动情况，当水色浑浊、变黑，有腥臭味，冰眼处有浮游动物、虾、鱼等生物，是水质变坏缺氧的征兆。

（二）扫雪

雪对阳光的穿透力影响很大，因此，越冬池的积雪应及时扫掉。池面积过大，不能全扫也应扫一部分，以便改善光照条件，增强浮游植物的光合作用，增加水中溶氧量。扫雪的缺点是能够增加结冰厚度，所以要注意尽量使池水深一些。

（三）定期注新水

水源方便的越冬池，应定期向越冬池注水，一般 20～30 天注一次。具体多长时间注 1 次水，每次注多少，要依越冬池水位下降和溶氧情况来确定。注水是安全越冬的有效措施。

（四）防止惊动鱼类

越冬水体应禁止人车通行、滑冰和冰下捞鱼虾，避免鱼类受惊四处乱窜，消耗体力，增加耗氧量。

（五）循环水增氧

在越冬池严重缺氧而又缺少水源时，可采取循环水增氧方法。该法是在越冬池用泵提水，使水在冰渠中流动增氧，然后流入原池中。这种方法增氧效果较好，缺点是使水温很快下降到0.5℃以下，常引起大量死鱼事故。因此，不提倡采取循环水增氧法，可以作为解决缺氧的应急方法。采用循环水增氧时，必须及时测定池水温度，当水温降到1℃时应停止提水。

过去曾把打冰眼作为提高越冬池溶氧量的主要措施，实际上，冰眼口径有限，池水接触空气的面积不大，空气中的氧气溶解于水的速度较慢，并且由于气温低，冰眼打好后很快又结冰封死，所以，打冰眼劳动强度大而增氧效果低。

## 三、质量安全管理

首先我国政府鼓励水产养殖单位和个人发展健康养殖，减少水产养殖病害发生；控制养殖用药，保证养殖水产质量安全；推广生态养殖，保护养殖环境。并依照有关规定可申请无公害农产品认证。

健康养殖指通过采用投放无疫病苗种，投喂全价饲料及人为控制养殖环境条件等技术措施，使养殖生物保持最适宜生长和发育的状态，实现减少养殖病害发生、提高产品质量的一种养殖方式。

生态养殖指根据不同养殖生物间的共生互补原理，利用自然界物质循环系统，在一定的养殖空间和区域内，通过相应的技术和管理措施，使不同生物在同一环境中共同生长，实现生态平衡，提高养殖效益的一种养殖方式。

其次为合理确定用于水产养殖的水域和滩涂，同时，根据水域滩涂环境状况划分养殖功能区，合理安排养殖生产布局，科学确定养殖规模、养殖方式。根据渔业法规定使用水域、滩涂从事水产养殖的单位和个人应当按有关规定申领养殖证，并按核准的区域、规模从事养殖生产。

国家规定养殖生产企业和个人使用养殖用水必须符合有关养殖用水的标准并且应该进行定期监测养殖用水水质，保障用水质量。同时，养殖企业对养殖场或池塘的进排水系统应当分开，防止养殖用水互相交混，避免病害交叉感染。另外水产养殖废水排放应当达到国家规定的排放标准。并且水产养殖生产应当按照国家有关养殖技术规范操作要求，配置与养殖水体和生产能力相适应的水处理设施和相应的水质、水生生物检测等基础性仪器设备。水产养殖使用和苗种要符合国家或地方质量标准。保证水产养殖品种的质量，提高水产养殖水平。

渔业行业职业资格已纳入农业职业资格准入，水产养殖专业技术人员应当逐步按国家有关就业准入要求，经过职业技能培训并获得职业资格证书后，方能上岗。

水产养殖质量安全管理规定明确要求水产养殖单位和个人应当填写《水产养殖生产记录》，记载内容：养殖种类、苗种来源及生长情况、饲料来源及投喂情况、水质变化等。并就《水产养殖生产记录》保存规定应当保存至该批水产品全部销售后 2 年以上。

对水产养殖销售的养殖水产品应当符合国家或地方的有关标准。不符合标准的产品应当进行净化处理，净化处理后仍不符合标准的产品禁止销售。

水产养殖单位销售自养水产品应当附具《产品标签》注明单位名称、地址、产品种类、规格，出池日期等。

渔用饲料按照《饲料和饲料添加剂管理条例》及有关法律

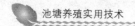

规定执行。

对水产养殖单位和个人的水产养殖用药规定按照水产养殖用药使用说明书的要求或在水生生物病害防治员的指导下科学用药。

水产养殖质量安全管理规定中规定水生生物病害防治员按照有关就业准入的要求，经过国家渔业指定的职业技能鉴定机构进行专门的培训、经考试合格并获得相关职业资格证书后，才能够以水生动物病害防治员资格开展水生动物病害防治工作。对于水产养殖单位和个人规定应当填写《水产养殖用药记录》，记载病害发生情况，主要症状，用药名称、时间、用量等内容。《水产养殖用药记录》规定了保存至该批水产品全部销售后 2 年以上。

水产养殖指导员同时应当积极配合渔业行政主管部门加强水产养殖用药安全使用的宣传、培训和技术指导工作，推动我们水产养殖质量安全工作的开展，以提高水产养殖产品卫生水平，增强我国水产品的竞争力。

## 第六节　成鱼捕捞及运输

### 一、成鱼捕捞

夏秋季捕鱼，由于水温过高，鱼活动能力强，捕捞较困难。加之此时鱼类耗氧量大，鱼不能忍受较长时间的密集，捕捞在网内的鱼大部分要回池继续饲养，如在网内时间过长，轻则容易受伤，影响生长，重则因缺氧被闷死。因此，夏秋季捕捞是一项技术性较高的工作，捕捞时要细致、熟练、轻快和正确。

（一）捕捞时间

夏秋季要求在水温较低、池水溶氧量较高、能见度较好的时候捕捞。一般是以晴天 7：00～9：00 为最佳。如在清晨或下半夜拉网应选择晴天，在天气凉爽，池水溶氧量较高时进行。这时捕捞对鱼的影响最小，又能及时将捕起的鲜鱼供应早市。当发现鱼有浮头预兆或正在浮头时，严禁拉网捕鱼。傍晚不能拉网，以免引起池塘上下水层提早对流，增加夜间池水耗氧因子。这样容易造成鱼类浮头，甚至造成不必要的经济损失。

（二）捕捞准备

如果用拉网捕捞，白天就要做好准备工作，把池塘水面上有碍拉网的杂物清理干净。

（三）捕捞网具的选择

如果用柔软的维纶渔网，网的高度应尽量与鱼塘水深相吻合。如果用尼龙网在水面较大的池塘中捕捞成鱼，网眼宜在8cm左右，这样捕捞的鱼大多在0.5kg以上。

（四）池塘消毒

没有引注新水的肥水塘，在拉网前可用生石灰兑水泼洒全塘，每亩水面用生石灰8~10kg，或在拉网后用漂白粉兑水（每立方米水体用1g漂白粉）泼洒、消毒。

（五）捕捞作业的注意事项

在池鱼快速生长期内以及在水温高的夏秋季节捕鱼，必须注意捕鱼技术，否则捕捞效果不佳甚至引起鱼类伤亡。由于此时的水温高，鱼的活动力强，耗氧量大，鱼不耐较长时间的密集，加之网内的鱼有相当数量尚未达到上市规格还要继续留养，鱼体不能受伤等缘故，增大了捕捞的难度。捕捞作业应注意以下几点。

（1）捕捞的前一天不要喂饲料，遇到鱼浮头时不要急于拉网，要马上加注新水，增加水的溶氧，待鱼不浮头时再拉网。否则，易引起泛塘。

（2）捕捞操作要求熟练，并力求做到细致与韧带迅速，尽量不使池鱼受到机械伤害。

（3）必须选择天气晴朗、比较凉爽、鱼类活动正常的日子进行捕捞，切忌在闷热天或类生病、有浮头征兆或已浮头的情况下捕捞。

（4）捕捞时间要求在一天中水温较低、溶氧较高时进行，另外，因常需将捕出的食用鱼及时供应早市，捕鱼可安排在下半夜至黎明前进行。不过，各地情况不尽相同，应具体情况具体分析，但傍晚不能拉网，以免引起上下水层提早对流，造成严重缺氧泛塘。

（5）鱼起网后，要先放在沾满露水的草地上摊开透气，待鱼体凉爽后装进鱼篓或塑料袋里。如果起网后马上装袋（篓），不利于鱼的保鲜。

（6）鱼被围在网中后，首先要把未达上市规格的留养鱼迅速放回池中，以免密集过久而影响其生长。

（7）拉网之后，因搅动了底泥，有机物的分解加速，池水耗氧量急剧增加，池水又因搅动底泥而增大混浊度，减弱浮游植物的光合作用；鱼类受拉网的刺激，会大量分泌黏液，黏液的迅速分解，易于败坏水质。因此，捕捞后必须立即加注新水或开动增氧机，使鱼有一段顶水时间，以冲洗鱼体分泌的过多的黏液（特别是鱼鳃内），增加池水溶氧，防止浮头。在白天捕捞热水鱼，通常需加水、或开动增氧机 2h、或用水泵大量注入新水增加池水溶氧量。在夜间捕捞热水鱼，则加水或开增氧机的时间与解救鱼类浮头相同。增氧机或加水一般都要至日出后，不发生浮头才能停机。

## 二、活鱼运输

活鱼运输是养鱼生产过程中的一个不可或缺的环节，影响鱼类运输成活率的因素是多方面的，并且彼此之间相互关联。运输过程中死亡的主要原因是缺氧，鱼类密度大、运输容器有限的水体溶氧含量是运输中的一对主要矛盾。凡是影响到水体溶氧含量变化、影响鱼类对低氧耐受力的因素都会影响到活鱼运输成活率。因此，提高鱼类运输成活率的方法从原理来讲主要包括两方面：一是降低鱼类的代谢强度（减少鱼类耗氧）；二是提高运输水体的水质环境（保持环境含氧量）。水中的溶氧量是随着温度的增高而减少，而鱼类随着温度的增高代谢加强，耗氧率增加，因此，在低温条件下，运输密度可比高温条件下高些。运输鱼类的体质对运输成活率也有很大影响，体质弱和有病的鱼，忍耐缺氧的能力差，经不起长途运输。因此运输前饲养管理要加强，使鱼体质健壮。

（一）常用的活鱼运输方法

（1）使用塑料袋封闭充氧运输鱼苗、鱼种，装运前要检查塑料袋是否破损，将两个完好的塑料袋套在一起，加水量为塑料袋容积的 1/3 左右，一般装运鲤鱼、草鱼水花鱼苗的密度为 0.5 万~0.6 万尾/$m^3$，夏花鱼的密度为 150~200 尾/L。运输途中应随时检查塑料袋是否漏水和漏气，及时采取措施。运输到达目的地，一般要经过缓鱼后才放到水里。

（2）使用半封闭充气（氧）运输商品鱼的交通工具通常为汽车，运输商品鱼一般装地下水，装水量与鱼箱的容积相等，装鱼的密度一般为 500~1 000 kg/$m^3$，装鱼和运输过程不间断充氧或者充气，运输时间较长，可在中途换水。

# 第二章 无公害水产品概论

## 第一节 无公害水产品基本概念

### 一、无公害农产品定义

无公害农产品是指产地环境符合无公害农产品的生态环境质量，生产过程必须符合规定的农产品质量标准和规范，有毒有害物质残留量控制在安全质量允许范围内，安全质量指标符合《无公害农产品（食品）标准》的农、牧、渔产品（食用类，不包括深加工的食品）经专门机构认定，许可使用无公害农产品标志的产品。广义的无公害农产品包括有机农产品、自然食品、生态食品、绿色食品、无污染食品等。这类产品生产过程中允许限量、限品种、限时间地使用人工合成的安全的化学农药、兽药、肥料、饲料添加剂等，它符合国家食品卫生标准，但比绿色食品标准要宽。无公害农产品是保证人们对食品质量安全最基本的需要，是最基本的市场准入条件，普通食品都应达到这一要求。

### 二、无公害农产品概述

农产品质量认证始于 20 世纪初美国开展的农作物种子认证，并以有机食品认证为代表。到 20 世纪中叶，随着食品生产传统方式的逐步退出和工业化比重的增加，国际贸易的日益发展，食品安全风险程度的增加，许多国家引入"农田到餐桌"的过程管理理念，把农产品认证作为确保农产品质量安全和同时能降低政府管理成本的有效政策措施。于是，出现了 HACCP（食品安全管理体系）、GMP（良好生产规范）、欧洲 EurepGAP、澳大利亚 SQF、加拿大 On-Farm 等体系认证以及日本 JAS 认证、韩国环境农产品认证、法国农产品标志制度、英国的小红拖拉机标志认证等多种农产品认证形式。

我国农产品认证始于 20 世纪 90 年代初农业部实施的绿色食品认证。2001 年，在中央提出发展高产、优质、高效、生态、安全农业的背景下，农业部提出了无公害农产品的概念，并组织实施"无公害食品行动计划"，各地自行制定标准开展了当地的无公害农产品认证。在此基础上，2003 年实现了"统一标准、统一标志、统一程序、统一管理、统一监督"的全国统一的无公害农产品认证。20 世纪 90 年代后期，国内一些机构引入国外有机食品标准，实施了有机食品认证。有机食品认证是农产品质量安全认证的一个组成部分。

另外，我国还在种植业产品生产推行 GAP（良好农业操作规范）和在畜牧业产品、水产品生产加工中实施 HACCP 食品安全管理体系认证。当前，我国基本上形成了以产品认证为重点、体系认证为补充的农产品认证体系。

农产品认证除具有认证的基本特征外，还具备其自身的特点，这些特点是由农业生产的特点所决定的。

第一是农产品生产周期长、认证的时令性强。农业生产季节性强、生产（生长）周期长，在作物（畜、禽、水产品）生长的一个完整周期中，需要认证机构经常进行检查和监督，以确保农产品生产过程符合认证标准要求。同时，农业生产受气候条件影响较大，气候条件的变化直接对一些危害农产品质量安全的因子产生影响，例如，直接影响作物病虫害、动物疫病的发生和变化，进而不断改变生产者对农药、兽药等农业投入品的使用，从而产生农产品质量安全风险。因此，对农产品认证的时令性要求高。

第二是农产品认证的过程长、环节多。农产品生产和消费是一个"从土地到餐桌"的完整过程,要求农产品认证(包括体系认证)遵循全程质量控制的原则,从产地环境条件、生产过程(种植、养殖和加工)到产品包装、运输、销售实行全过程现场认证和管理。

第三是农产品认证的个案差异性大。一方面,农产品认证产品种类繁多,认证的对象既有植物类产品,又有动物类产品,物种差异大,产品质量变化幅度大;另一方面,现阶段我国农业生产分散,组织化和标准化程度较低,农产品质量的一致性较差,且由于农民技术水平和文化素质的差异,生产方式有较大不同。因此,与工业产品认证相比,农产品认证的个案差异较大。

第四是农产品认证的风险评价因素复杂。农业生产的对象是复杂的动植物生命体,具有多变的、非人为控制因素。农产品受遗传及生态环境影响较大,其变化具有内在规律,不以人的意志为转移,产品质量安全控制的方式、方法多样,与工业产品质量安全控制的工艺性、同一性有很大的不同。

第五是农产品认证的地域性特点突出。农业生产地域性差异较大,相同品种的作物,在不同地区受气候、土壤、水质等影响,产品质量也会有很大的差异。因此,保障农产品质量安全采取的技术措施也不尽相同,农产品认证的地域性特点比较突出。

### 三、无公害农产品特点

无公害农产品既要有优质农产品的营养品质,又要有健康安全的环境品质。这种特殊性也这就是无公害农产品的商品特殊性;无公害农产品是一种具有独特标志的专利性产品,严格有别于其他农产品,而这种独特标志包含了其生产技术的独特性、管理办法的独特性。

（一）认证性质

无公害农产品认证执行的是无公害食品标准，认证的对象主要是百姓日常生活中离不开的"菜篮子"和"米袋子"产品。也就是说，无公害农产品认证的目的是保障基本安全，满足大众消费，是政府推动的公益性认证。

（二）认证方式

无公害农产品认证采取产地认定与产品认证相结合的模式，运用了从"农田到餐桌"全过程管理的指导思想，打破了过去农产品质量安全管理分行业、分环节管理的理念，强调以生产过程控制为重点，以产品管理为主线，以市场准入为切入点，以保证最终产品消费安全为基本目标。产地认定主要解决生产环节的质量安全控制问题；产品认证主要解决产品安全和市场准入问题。无公害农产品认证的过程是一个自上而下的农产品质量安全监督管理行为；产地认定是对农业生产过程的检查监督行为，产品认证是对管理成效的确认，包括监督产地环境、投入品使用、生产过程的检查及产品的准入检测等方面。

（三）技术制度

无公害农产品认证推行"标准化生产、投入品监管、关键点控制、安全性保障"的技术制度。从产地环境、生产过程和产品质量3个重点环节控制危害因素含量，保障农产品的质量安全。

## 四、无公害农产品标志

（一）标志的简介

无公害农产品标志图案由麦穗、对勾和无公害农产品字样组成。麦穗代表农产品，对勾表示合格，金色寓意成熟和丰收，绿色象征环保和安全（图2-1）。

**图 2 - 1 无公害农产品标志图**

无公害农产品标志是加施于获得农业部无公害农产品认证的产品或产品包装上的证明性标志。印制在包装、标签、广告、说明书上的无公害农产品标志图案，不能作为无公害农产品证明性标志使用。无公害农产品标志使用是政府对无公害农产品质量的保证和对生产者、经营者及消费者合法权益的维护，是县级以上农业部门对无公害农产品进行有效监督和管理的重要手段。以"无公害农产品"称谓进入市场流通的所有获证产品，均须在产品或产品包装上加贴使用标志。

无公害农产品标志有 5 个种类。刮开式纸质标志加贴在无公害农产品上或产品包装上；锁扣标志应用于鲜活类无公害农产品上；捆扎带标志用于需要进行捆扎的无公害农产品上；揭露式纸质标志直接加贴于无公害农产品上或产品包装上；揭露式塑质标志加贴于无公害农产品内包装上或产品外包装上。

（二）标志的作用

无公害农产品防伪标识是加施于通过无公害农产品认证的产品或产品包装上的证明性标记。该标志的使用是政府对无公害农产品质量的保证和对生产者、经营者及消费者合法权益的维护，是国家有关部门对无公害农产品进行有效监督和管理的重要手段。

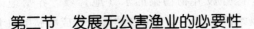

## 第二节　发展无公害渔业的必要性

新中国成立以来，我国农业取得了令人瞩目的成就，依靠生产技术的进步，促进了渔业的高速发展，渔业产量逐年递增，高优水产品的比例不断增加。然而，由于水产养殖容量不断增加，造成了环境的污染，养殖生物病害频发，并且滥用药物造成产品质量低劣，经济效益降低，甚至出现了严重的亏损；水产品的保鲜、加工技术落后，其附加值还得不到明显的提高等等。这些问题已引起社会的广泛关注，特别是水产品质量安全问题，成为关注的焦点。开发无公害化渔业正是在这种环境下应运而生的。发展无公害化渔业的核心就是立足我国国情，把传统渔业精华与现代渔业科技相结合，建立水产品"从水产到餐桌"全过程的质量控制，改善渔业生态环境，控制渔业环境污染，提高水产品质量，增强水产品市场竞争随着我国社会主义市场经济体制的逐步建立和完善，对我国渔业生产提出了更高的要求，不仅要保障社会水产品消费供给，而且要面对市场，适应市场，寻求渔业自身的发展。

无公害农产品认证工作是农产品质量安全管理的重要内容。开展无公害农产品认证工作是促进结构调整、推动农业产业化发展、实施农业名牌战略、提升农产品竞争力和扩大出口的重要手段。

## 第三节　无公害水产品认证程序

### 一、无公害水产品产地环境要求

#### （一）产地要求

养殖地应是生态环境良好，无或不直接受工业三废及农业、城镇生活、医疗废弃物污染的水（地）域。养殖地区域内及上风向、灌溉水源上游，没有对产地环境构成威胁的（包括工业三废、农业废弃物、医疗机构污水及废弃物、城市垃圾和生活污水等）污染源。农产品产地环境必须经有资质的检测机构检测，灌溉用水（畜禽饮用、加工用水）、土壤、大气等符合国家无公害农产品生产环境质量要求，产地周围3km范围内没有污染企业；无公害农产品产地应集中连片、产品相对稳定，并具有一定规模。

（二）底质要求

底质无工业废弃物和生活垃圾，无大型植物碎屑和动物尸体。底质无异色、异臭，自然结构。底质有害有毒物质最高限量，应符合下表中的规定。

（三）水质质量

养殖用水水质必须符合国家标准《渔业水质标准》（GB 11607—89）的规定和要求。

（四）当地空气质量

养殖区域空气中各项污染物不允许超过的浓度应符合GB 3095—1996要求。

表　底质有害有毒物质最高限量

| 项目指标 | mg/kg（湿重） |
| --- | --- |
| 总汞 | ≤0.2 |
| 隔 | ≤0.5 |
| 铜 | ≤30 |
| 锌 | ≤150 |
| 铅 | ≤50 |
| 铬 | ≤50 |
| 砷 | ≤20 |
| 滴滴涕 | ≤0.02 |
| 六六六 | ≤0.5 |

## 二、无公害农产品申报条件

申请人须具有一定后产规模，组织化程度高、质量安全自律性强，具有组织管理无公害农产品生产和承担责任追溯的能力。从 2009 年 5 月 1 日起，不再受理乡镇人民政府、村民委员会和非生产性的农技推广、科学研究机构的无公害农产品认证申请。

无公害农产品申报材料提交要求。

### （一）主体资质要求

申请人应具有集体经济组织、农民专业合作社或企业等独立法人资格。

### （二）产地规模要求

生产基地应集中连片，产地区域范围明确，产品相对稳定，具有一定的生产规模。

### （三）生产管理要求

由法定代表人统一负责生产、经营、管理，建立了完善的投入品管理（含当地政府针对农业投入品使用方面的管理措施）、生产管理、产品检测、基地准出、质量追溯等全程质量管理制度。近 3 年内没有出现过农产品质量安全事故。

## 三、无公害农产品整体认证申报材料清单及要求

（1）国家法律法规规定申请人必须具备的资质证明文件复印件。

（2）《无公害农产品内检员证书》复印件。

（3）无公害农产品生产质量控制措施（内容包括组织管理、投入品管理、卫生防疫、产品检测、产地保护等）。

（4）最近生产周期农业投入品（农药、兽药、渔药等）使用记录复印件。

（5）《产地环境检验报告》及《产地环境现状评价报告》

（省级工作机构选定的产地环境检测机构出具）或《产地环境调查报告》（省级工作机构出具）。

（6）《产品检验报告》原件或复印件加盖检测机构印章（农业部农产品质量安全中心选定的产品检测机构出具）。

（7）《无公害农产品认证现场检查报告》原件（负责现场检查的工作机构出具）。

（8）无公害农产品认证信息登录表（电子版）。

（9）申请产品扩项认证的，除《无公害农产品产地认定与产品认证申请和审查报告》外，附报材料须提交（4）、（6）、（7）、（8）和《无公害农产品产地认定证书》及已获得的《无公害农产品证书》。

（10）申请复查换证的，除《无公害农产品产地认定与产品认证申请和审查报告》外，附报材料须提交（7）、（8）。

（11）申请整体认证的，除《无公害农产品产地认定与产品认证申请和审查报告》外，附报材料须提交（1）～（8）以及土地使用权证明、3年内种植（养殖）计划清单、生产基地图等。

## 四、无公害农产品整体认证程序

凡符合无公害农产品认证条件的单位和个人，可以向所在地县级农产品质量安全工作机构（简称"工作机构"）提出无公害农产品产地认定和产品认证申请，并提交申请书及相关材料。

县级工作机构自收到申请之日起10个工作日内，负责完成对申请人申请材料的形式审查。符合要求的，报送地市级工作机构审查。

地市级工作机构自收到申请材料、县级工作机构推荐意见之日起15个工作日内（直辖市和计划单列市的地级工作合并到县级一并完成），对全套材料（申请材料和工作机构意见，下同）

进行符合性审查。符合要求的，报送省级工作机构。

省级工作机构自收到申请材料及推荐、审查意见之日起20个工作日内，完成材料的初审工作，并组织或者委托地县两级有资质的检查员进行现场检查。通过初审的，报请省级农业行政主管部门颁发《无公害农产品产地认定证书》，同时，将全套材料报送农业部农产品质量安全中心各专业分中心复审。

各专业分中心自收到申请材料及推荐、审查、初审意见之日起20个工作日内，完成认证申请的复审工作，必要时可实施现场核查。通过复审的，将全套材料报送农业部农产品质量安全中心审核处。

农业部农产品质量安全中心自收到申请材料及推荐、审查、初审、复审意见之日起20个工作日内，对全套材料进行形式审查，提出形式审查意见并组织无公害农产品认证专家进行终审。终审通过符合颁证条件的，由农业部农产品质量安全中心颁发《无公害农产品证书》。

**五、无公害水产品认证程序**

（一）认证申请

申请人向所在地的"三品"工作机构提出申请，按无公害农产品申报材料目录要求提供材料，申请材料应真实可靠。

（二）受理

无公害农产品认证实行逐级受理上报原则，由县级农业行政主管部门或县级农业行政主管部门委托的县级工作机构实行受理，逐级上报。特殊情况可由州（市）级工作机构受理上报，也可由省中心直接受理上报。但必须按照要求进行受理登记、编号和信息反馈等工作。

（三）材料审查

无公害农产品申报材料审查应在自收到材料的10个工作日

内完成，县级工作机构主要对申报材料的真实性和完整性进行审查，州级工作机构重点对申报材料的可行性和符合性进行审查，经审查符合要求的材料签署意见后，上报省中心进行初审，不符合要求的申报材料应通知申请人进行补充完善。

（四）现场检查

省中心自收到申报材料的 10 个工作日内，下达"无公害农产品现场检查任务通知"，州、县级工作机构应在收到通知的 7 个工作日内组织有资质的检查员进行现场检查，并在 5 个工作日内将检查结果上报省中心。检查员要严格按照无公害农产品、绿色食品和有机食品现场检查项目要求进行检查，并对检查结论负责。

（五）环境监测

经现场检查确认符合无公害农产品产地环境免测条件的，可免做环境监测；现场检查后仍需要进行环境监测的，由省中心安排有资质的环评部门开展环境监测。

定点监测机构应在收到通知的 40 个工作日内完成产地环境监测任务，同时，出具产地环境质量现状（调查、监测、评价）报告及相关材料。

（六）产品抽样

现场检查合格，需要抽样检测的产品安排产品抽样。当时无适抽产品的，检查员与申请人要当场确定抽样计划。季节性较强的产品要进行提前抽样时，必须通过省中心同意后，检查员才能进行产品抽样。产品抽样要按《无公害农产品抽样技术规范》的要求进行抽样。对执行标准相同的同类多品种无公害农产品进行抽样时，应采用产品总数开平方（尾数四舍五入）的方法进行抽样。定点产品检测机构应在自收到样品的 20 个工作日内完成产品检测任务，同时出具产品检验报告及相关材料。

（七）审核上报

县、州级工作机构对申报材料、现场检查材料、环境质量现状（调查、监测、评价）报告、产品检验报告进行综合审核，审核符合要求的上报省中心，经省中心审核符合要求的，签署意见分别报农业部的3个中心。农业部3个中心终审并颁发证书。

产地认定与产品认证一体化审查流程，见图2-2。

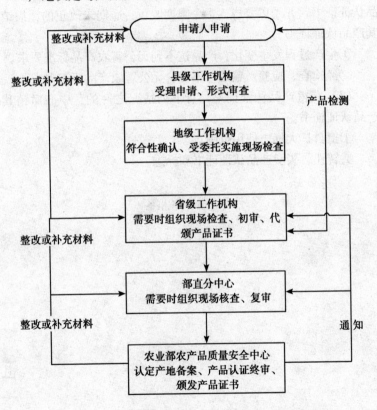

图2-2　产地认定与产品认证一体化审查流程简图

## 六、注意事项

（1）《无公害农产品认证证书》有效期为 3 年，期满如需继续使用的，证书持有人应当在有效期满 90 日前按本程序办理复查换证。

（2）获得产品证书，有下列情形之一的，由中心暂停其产品认证证书，并予以警告，责令限期改正；逾期未改正的，撤销其产品认证证书。

①生产过程发生变化，产品达不到无公害农产品标准要求。

②经检查、检验、鉴定，不符合无公害农产品标准要求。

（3）获得产品认证证书，有下列情况之一的，中心撤销其产品认证证书。

①擅自扩大标志使用范围。

②转让、买卖产品认证证书和标志。

# 第三章  水产动物病害防治技术

## 第一节  水产动物疾病种类

### 一、根据病原分

由生物及非生物引起的两大类。水产动物疾病中常见的种类如下。

（一）由生物引起的疾病

（1）微生物病：病毒病、细菌病、真菌病等。

（2）寄生虫病：由原生动物、蠕虫、环节动物、软体动物、甲壳动物等引起的疾病。

（3）由生物引起的中毒。

（二）由非生物引起的疾病

（1）机械损伤。

（2）物理性刺激：感冒、冻伤和放射性损伤等。

（3）化学性刺激：工业污水及农药等有害化学物质，气泡病等。

（4）缺乏机体所必需的物质或条件：泛池、饥饿及营养不良病等。

### 二、根据感染的情况分

（一）单纯感染

疾病由一种病原侵袭所引起。

（二）混合感染

同时有两种或两种以上的病原侵袭。

（三）原发性感染

疾病发生在病原侵袭健康者。

（四）继发性感染

此种感染为发生在原发性感染基础上的，即病原之侵入在原已是病体的机体上者，如肤霉病的暴发必须在原已受伤的机体。

（五）再感染

被同一种病原第二次侵袭后又患病者，即机体在第一次患病痊愈后，未失去对该病原的易感性，因此，当第二次被侵袭时又患同样的疾病。

## 三、根据症状分

（一）局部性疾病

病理变化主要仅局限于身体的某一部分者。在水产动物疾病中常见的有皮肤病、鳃病、肠道病、眼病、肌肉病、肝病、肾病、胆囊病、鳔病等。

（二）全身性疾病

为该病影响到整个机体者。在水产动物疾病中常见的有泛池、中毒、饥饿、营养不良、败血症等。

事实上，这两者是相对的，任何一种疾病没有严格的局部性，这个机体总是这样或那样地对它起反应的；而且大多数疾病开始时都往往表现为局部性，随着疾病的发展，全身性的症状就愈益明显。

## 四、根据病程的性质分

（一）急性型

病程迅速，由数天到 1～2 个星期，机能调节很快地由生理性的变为病理性的，当有些症状还来不及表现出来时，机体即死亡。如急性鳃霉病，鳃急性发炎，经1~3昼夜病鱼即死。

（二）亚急性型

病程稍长，为2~6个星期，因之该病的典型症状来得及发展起来，如亚急性鳃霉病的主要症状为鳃坏死崩解，并呈大理石化。

（三）慢性型

病程较上述两型较长，甚至可延长到数月或几年，其特征为持久而无力，因为引起这种病的原因和条件作用长期而不剧烈，且不易消除。如慢性鳃霉病的病变很微弱，仅小部分鳃坏死、苍白。

把病程划分为以上三型，主要是为了学习及工作的便利，事实上，在上述三型之间并无严格的界限，因为在它们之间还存在有过渡型，且当条件改变时可互相转换。

## 第二节　常见水产动物疾病的预防及治疗措施

### 一、水产动物疾病的预防

（一）改善生态环境

水产动物离不开水，水环境的好坏决定了水产动物能否健康、快速的生长。

1. 设计和建筑养殖场时应符合防病要求

在建场前首先要对场址的地质、水文、水质、气象生物及社会条件等方面进行综合调查，在各方面都符合养殖要求时才能建场。其中，尤其是水源一定要充足，水的理化性状要适合养殖对象的生长，不被污染，不带病原体（尤其是目前尚无法治疗的）；在设计时排水系统时，应使每个池塘有独立的进排水管，即各个池塘能独立地从进水渠道进水，并能独立地将池水排到排水沟里去，而不能从相邻的池塘进水或将水排入相邻池塘。如能配备蓄水池就更理想，水经蓄水池深沉、自行进化，或进行过滤、消毒后再引入池塘，就能防止病原体从水源中带入，尤其在育苗时更为需要。

### 2. 采用理化方法改善生态环境

（1）清除池底过多的淤泥，或排干池水后池底进行翻晒、冰冻。淤泥不仅是病原体的滋生和贮存场所，而且淤泥在分解时要消耗大量氧，在夏季容易引起泛池；在缺氧情况下，产生大量还原物质（如有机酸、氨、硫化氢、亚硝酸盐等），使 pH 值下降，氨、亚硝酸盐和硫化氢对水产动物都有毒。

（2）定期遍洒生石灰（pH 值偏低时）或碳酸氢钠（pH 值偏高时），调节水的 pH 值。前者并有提高淤泥肥效、改善水质的作用。

（3）定期加注清水及换水，保持水质肥、活爽、嫩及高溶氧。

（4）在主要生长季节，晴天的中午开动增氧机，充分利用氧盈，降低氧债，改变溶氧分布的不均匀性，改善池水溶氧状况。

（5）在主要生长季节，晴天的中午，用水质改良机吸出一部分塘泥，以减少水中耗氧因子；或将塘泥喷到空气中后再洒落在水的表层，每次翻动面积不超过池塘面积的 50%，以改善溶氧，提高池塘生产力，形成新的食物团，供滤食性水产动物利用，增加池水透明度。

（6）定期泼洒水质改良剂或底质改良剂，改善水质和底质。

### （二）增强机体抗病力

### 1. 加强及改进饲养管理

这方面内容很多，养殖著作中都有详细论述。这儿除上述改善生态环境内容以外，再讲以下 3 点。

（1）根据当地的条件、技术水平及防病能力进行合理的混养和密养。

（2）做好定质、定量、定位、定时的"四定"投饲。"四定"不能机械地理解为固定不变，而是根据季节、气候、生长情况和水环境的变化而改变。以保证水产动物都能吃饱、吃好，而又不浪费以致污染水质。在质方面既要营养全面，又要新鲜、不变质、不含有毒成分，且要在水中稳定性好，适口性好。

（3）加强日常管理及细心操作。要勤巡塘、勤除污、勤除害，注意水质观察水产动物的吃食情况及动态，发现情况，及时解决，并做好记录。

2. 人工免疫

采用人工方法给水产动物注射、浸浴、口服、喷雾菌苗或疫苗，使机体获得免疫力，这在生产上已取得良好效果。

3. 培育抗病力强的新品种

（1）选育自然免疫的品种。

（2）杂交培育抗病力强的品种。

（3）理化诱变培育抗病品种。

（4）采用细胞融合和基因重组技术培育抗病品种。

（三）控制和消灭病原体

1. 建立检疫制度

对进出口鱼类检疫问题于 20 世纪 70 年代引起各国重视，我国于 1979 年为了防止鱼类疫病从国外传入或由国内传出，保护我国渔业生产和人民身体健康，履行国际主义义务，发展友好往来和维护我国对外贸易信誉，特制定了《口岸淡水鱼类检疫暂行规定》，对检疫范围、检疫对象、具体检疫方法（现场检疫、实验室检疫、隔离检疫）和处理意见都作了规定，今后不仅要严格执行，而且应对水产动物都作出口岸检疫规定，在国内也应制定检疫规定，以防止水产动物疾病（尤其是目前尚无有效治疗方法——危害极其严重的第一类疾病）的传播。

2. 彻底清塘

（1）生石灰清塘。为目前公认的一种最好的清塘方法，分为干法清塘和带水清塘两种。用该种方法清塘数小时后即能杀灭野杂鱼、蝌蚪、水生昆虫、螺、寄生虫卵、病菌等。不仅有很好的防病效果，而且能够改良池塘水质。

①干法清塘：将池水排至 10cm 以内，在池底挖几个小坑，将生石灰放入坑中溶解后趁热向四周泼洒，将池底、池壁洒匀。具体操作要做到：化得快、化得净、泼得快、泼得匀。药效 7 ~ 8 天。用量：每亩 75 ~ 100kg。

②带水清塘：多用于水源短缺和排水困难的池塘。优点是不需进排水，缺点是生石灰用量大，操作强度高，对底质的处理效果差。

用量：每亩 1m 水深用 150 ~ 200kg。

（2）漂白粉清塘。该法杀菌作用强，用量少，药力消失快。药效 4 ~ 5 天。

用法：加水溶解后立即全池泼洒。

用量：干法每亩 10 ~ 15kg；带水每 1 000$m^3$ 水体 20 ~ 50kg。

（3）茶籽饼清塘。产茶区和养虾塘多用。原理是含有溶血性的茶皂素，能使血红细胞溶血，主要杀灭杂鱼和一些昆虫，对细菌和寄生虫的杀灭作用不大，防病效果较差，但是针对性强，肥水效果好。

用法：加水浸泡，25℃水温左右浸泡一昼夜，连渣带汁一并全池泼洒。

用量：水深 1m 用 40 ~ 50kg。

3. 对养殖物消毒

对养殖物（包括受精卵）的消毒一般结合运输、拉网、分池、倒池等操作环节进行。养殖动物消毒的方法基本相似，只是在选择药物和消毒时间上要区别控制。最普遍采用的是浸浴法。

具体操作：确定选用的药物后，在一定的容器内装入一定量的水，按浸浴需要的浓度，计算出药量并准确称取放入容器内充分溶解。然后把要消毒的养殖物放入其中即可。流水条件下进行消毒，按水体计算药量后，关闭一定时间的进排水闸门即可。

注意事项：

①用药量一定要准确；

②严格控制时间；

③消毒时控制密度；

④要不间断观察；

⑤操作人安全防护。

### 4. 常用工具消毒

常用工具往往成为疾病传播的媒介，特别是多个池塘养殖某个池塘发病时更是如此。因此，常用工具最好是专塘专用并经常消毒。

方法：一般高锰酸钾 5mg/L，福尔马林 100mg/L，食盐 5%，漂白粉 10mg/L，浸泡后用清水冲洗干净使用。浸泡的时间根据使用的药物和被消毒的工具确定。

### 5. 饵料消毒

（1）鲜活饵料的消毒：选择药物—定量称取—容器内溶解—放入鲜活饵料—搅匀—定时—清洗。

（2）药饵制作：选择药物—定量称取—加黏合剂—与饲料按比例混合—（轧制）—晾干。

### 6. 疾病流行季节前的药物预防

大多数疾病的发生都有一定的季节性，多数疾病在 4～10 月流行。因此，掌握发病规律，及时有计划地在疾病流行季节前进行药物预防，是补充平时预防不足的一种有效的措施。

体外疾病的药物预防具体做法有：

（1）用中草药扎成小捆，放在池中沤水，以达到杀灭体外病原的目的。如乌桕叶沤水预防细菌性烂鳃病，楝树枝叶沤水预防车轮虫病等，该药具有就地取材、副作用小等优点，也可用于早期治疗。

（2）在食物周围挂药袋或药和药物篓，形成一消毒区，利用水产动物来食场摄食时，反复通过数次，达到预防目的。其优点是使用方便，用药量少，不会出事故，副作用小，并可用于疾病早期治疗。但要达到预期效果，必须注意以下几点。

①水产动物对该药的回避浓度应高于治疗浓度，否则不能使用此法。如鲢鱼对硫酸铜的50%回避浓度为0.3mg/L，而且池遍洒的治疗浓度一般为0.7mg/L，所以采用此法就无效。敌百虫和漂白粉则可使用。

②食场周围的药物浓度不宜过高或过低。过低时，水产动物虽来吃食，但杀不死病原体；过高时水产动物不来摄食，也达不到目的。所以，第一次挂篓或挂袋后，应在池边观察1h左右，看水产动物是否来食场吃食，如果不来吃食，表明药物浓度太高，应适当减少药量。通常挂3~6只，每只内装100~150g漂白粉（用竹篓或刺有孔的塑料瓶）或100g晶体敌百虫（用布袋），具体用量应视食场大小及水深而定。

③食场周围药物的一定浓度，一般应保持不短于1h，否则迟来吃食的水产动物就不能受到消毒，同时水产动物每次停留在食场的时间很短，一次不能全部杀灭病原体，须经多次反复。下雨和刮大风时不宜采用。

④为了保证水产动物在挂药时能前来吃食，在挂药前应停止投饵1天，并在挂药的几天内选择水产动物最喜吃的饲料，投饵量应比平时略少些，以保证第二天仍来吃食。

⑤如水产动物平时没有到一定地点摄食的习惯，那应先培养

成习惯后再挂药,一般需要5~6天。

(3)体内疾病的药物预防一般采用口服法。由于不能强迫水产动物来吃药,所以,只能将药拌在饲料中制成颗粒药饲投喂。用药的种类随各种疾病而不同,尽量多用中草药,以免产生耐药性。注意事项如下。

①饲料必须选择水产动物喜吃、营养全面、能碾成粉末的(草除外)。

②颗粒药饲在水中的稳定性要好,一般应在水中1h左右不散开,而水产动物吃入后又能很快消化吸收。

③药饲的大小必须适口。

④药量计算应把吃该种颗粒药饲的水产动物体重都算入;而大小相差悬殊,即使是同种的水产动物,如仅是小的患病,则大的体重可不算入,在投喂药饲的周围必须插以栅栏,其间隙只允许小的进出,同时,在投喂药饲前先投喂大的药饲。如只是预防草鱼的病,可将药均匀拌在冷的煮熟面粉糊内,然后再涂在草上,吹干后投喂。

⑤投饲量应比平时减少20%~30%,以保证天天能来吃药饲,并将药饲吃完。一般连喂3天。

7. 消灭陆生终末寄生主及带有原体的陆生动物

有些原体以水产动物为中间寄主,而以陆生动物中之鸟类等为终末寄主,消灭终末寄主及带有病原体的陆生动物也同样能达到消灭病原体的目的,消灭的方法为枪击、折毁鸟巢等。

8. 消灭池中椎实螺等中间寄主

椎实螺为双穴吸虫、血居吸虫等中间寄主,在这些鱼病流行地区,除用彻底清塘方法消灭池中螺类外,在养有鱼后,可在傍晚放入草把,第二天早晨取出草把,压死附着在上面的螺,连续数天,可达到基本杀灭椎实螺,切断上述病原体的生活史,从而达到消灭该病的目的。

## 二、疾病治疗的注意事项

要在准确诊断的前提下依据发病特点，进行药物的选择和使用，即对症用药。由于疾病发生的原因是多重性的，而且微生物病原体会产生毒素，常常会引发溶血、出血、组织损坏、器官功能障碍以及体质虚弱，厌食甚至停食，因此，内服药饵必须结合水体消毒治疗，同时要改良水质和底质，改善养殖环境。综合防治才能取得理想的效果。需注意以下几点。

（1）必须做到无病先防，有病早治，不能等到鱼死得很严重时才治，因重病鱼已完全失去食欲，就无法治疗。

（2）在治病前必须先杀灭鱼体外的寄生虫。鱼的体表及鳃上有寄生虫寄生时，虽然寄生虫的数量不很多，寄生虫本身尚未引起鱼死亡，但鱼的鳃及皮肤被寄生虫损伤后容易感染患病，且病情也常较严重，治疗效果也不理想。

（3）杀虫要有针对性。

（4）发病鱼池的水体及鱼体中都有大量病原菌存在，治疗时必须外泼杀菌药和内服药饵相结合，将水体和鱼体中的病原菌同时消灭，才能取得理想的治疗效果，忽视任何一方面都不行的。有的渔民认为半个月前已全池遍洒过漂粉精，现在只需投喂药饵就可以了，这是不对的，因半个月前遍洒的漂粉精早已消失，病鱼会不断向水中排出病原菌，随水、工具、动物等也会将病原菌带入池水中。

（5）要使病鱼能吃到足够的药量。

①药饵在水中的稳定性要好，如稳定性不好，药饵投入水中后很快散开，病鱼就吃不到足够的药量。

②投喂药饵的量要计算准确，一般要求在投喂后 30~45min 内吃完。如不到 20min 就吃光，说明投喂量太少，病鱼吃不到足够的药量；反之，如 1h 后还未吃完，则说明投喂量过多，将影

响下一次的吃食。

③内服药饵必须连续投喂 5 天，或待鱼停止死亡后，再继续投喂 1～2 天，不能过早停药。过早停药，鱼体内的病原菌未被全部消灭，容易易发。同时，药饵每天要分上午、下午两次投喂，以保持鱼体内的有效浓度。

④要注意投喂方法，确保病鱼能吃到足够的药饵，才能收到理想的治疗效果。如第一天杀虫时，投饵量应比平时减少些，以保证病鱼第二天来吃药饵。药饵要撒得均匀、撒得开，保证病鱼能吃到足够的药饵，最好是投喂半小时后撒网检查一下病鱼是否吃到药饵（已停止吃食的重病鱼外）；反之，如药饵撒得不开、不匀，病鱼的抢食能力较差，往往就不能吃到足够的药量，甚至吃不到药饵。如池中草鱼养得较多，为了确保病鱼能吃到足够的药饵，可先投草鱼喜吃的嫩草，待草鱼吃一些草后再投喂药饵；投喂肥水鱼吃的药饵，应避开刮大风，如风较大，则需增加每天投喂药饵的次数及量等。

⑤外用药的质量要好，尤其是硫酸亚铁和漂白粉最容易失效。药必须封存，存放在阴凉、干燥、避光处。

⑥外泼杀虫药、杀菌药的浓度，要根据当时、当地的水温、水质及用药情况而定。

⑦外用药要分别溶解，漂白粉溶解后有残渣，要经过过滤，否则，鱼误吞食残渣后会引起死亡。

⑧溶药和泼药都不能用金属容器，而应该用木器、塑料容器或陶器等。

⑨外泼药要均匀。因药液的垂直扩散较水平扩散快，所以如池底不平整，则深水处要多泼些；同时，池边（尤其是下风处）及食场周围，病原菌的密度一般较高，也应适当多泼些。

⑩生石灰不能和漂粉精、优氯净、漂白粉、硫酸铜、硫酸亚铁等同时使用，否则将严重影响药效。

⑪治疗期间和刚治好后不要大量换水。大量加水及捕鱼，以免给鱼带来刺激，引起应激反应，加重病情，或引起复发。

⑫病死鱼要及时捞出深埋，不能乱扔。

⑬病好后仍应继续做好防病工作，否则，还会再次感染发病。

⑭发病池用过的工具不能用于其他鱼池，或必须经过消毒。

⑮做好池塘日记，以便总结提高。

### 三、几种常见病害的诊治

（一）草鱼出血病

1. 病原

我国在 20 世纪 70 年代开始进行病原的研究，1980 年发现病毒颗粒并确认为草鱼出血病病原，1991 年国际病毒分类委员会将其命名为草鱼呼肠孤病毒，又称为草鱼出血病病毒。

2. 症状

病鱼的体色发黑，体表及内脏各器官组织都不同程度地充血、出血，严重时全身肌肉呈鲜红色，病鱼严重贫血，鳃常呈"白鳃"。红肌肉型：较小鱼种（7～10cm），红鳍红鳃盖型：较大鱼种（＞13cm），肠炎型：大小草鱼。

3. 流行情况

（1）危害对象：草鱼，体长 2.5～15cm 的鱼种。

（2）流行季节：6～9 月。

（3）水温：20～33℃时发生。

（4）流行地区广。

4. 防治方法

预防：

①彻底清塘；

②草鱼鱼种下塘前用灭活疫苗浸浴或注射；

③加强饲养管理，改善生态环境，提高鱼体抵抗力；

④发病季节，每月用下列治疗药物预防一个疗程。

治疗：①全池遍洒含氯消毒药，如二氧化氯 0.02 ~ 0.03mg/L，或用漂白粉精 0.5 ~ 0.6mg/L，或用三氯异氰尿酸（含有效氯85%）0.3 ~ 0.4mg/L 等。

②内服药：一是每 100kg 鱼每天用 0.5kg 大黄、黄芩、黄柏、板蓝根（单用或合用都可以）再加 0.5kg 食盐拌饲投喂，连喂 7 天。二是每 100kg 每天用 40ml 4% 碘液拌饲投喂，连喂 4 天。

（二）鲤春病毒病

鲤春病毒病又名鲤鱼鳔炎症，是一种急性、出血性、传染性病毒病。常在鲤科鱼特别是在鲤鱼中流行，该病通常于春季暴发并引起幼鱼和成鱼死亡。

1. 病原

鲤春病毒病的病毒属弹状病毒科水泡病毒属。有囊膜，病毒大小为 180nm × 70nm。鲤春病毒病易在春季，鲤鱼刚越冬以后流行。由于低水温降低了鲤鱼免疫力，因而成为这种春季流行病的对象，在 15℃ 以下感染后的鱼出现病灶。外伤是一个重要的传播途径，另外吸血的鱼类寄生虫如鲤虱或水蛭能从这样的带毒鱼中得到病毒并传播到健康鲤鱼身上。

2. 症状

病鱼无目的的漂游，体发黑，腹部肿大。皮肤和鳃渗血，无外部溃疡及其他细菌病症状。剖检以出血为主。鲤鱼急性感染时消化道出血，可见到腹水严重带血；肠炎、心、肾、鳔有时连同肌肉也出血，内脏水肿。肝部血管有血管炎及水肿。喂后导致血管坏死，肝实质也多处坏死。内脏到处充血，胰脏有脓性炎症和多处坏死病灶。腹部淋巴管扩张并充满碎屑，肠道也发生血管周炎，此时，上皮脱落，绒毛萎缩。脾脏充血，其网状内皮增生，黑色素巨噬细胞中心增多并变大。鱼鳔是特别的靶器官，其上皮的单层变成不连续的多层，黏膜下层的血管扩张并积有血渗出物，邻近部位的淋巴细胞肿大。心包开始发炎，心肌浸润，在最后阶段发生连续性变性和坏死。

3. 流行情况

主要为害1龄以上的鲤鱼，主要流行于春季，水温超过22℃时一般不再发病；流行于欧洲各国，发病后存活的鱼很难再感染。

4. 防治方法

（1）严格检疫和用消毒剂彻底清塘。

（2）水温提高到22℃以上。

（3）避免传播。

注意：该病为一类疫病，一旦确诊应及时上报。

（三）锦鲤疱疹病毒病

锦鲤疱疹病毒病是20世纪末被确定的一种疾病，现已流行于世界各地，是严重威胁鲤和锦鲤养殖业安全的一种疾病，世界动物卫生组织（OIE）列为必须申报的疾病，我国将其列为二类疫病。

1. 病原

锦鲤疱疹病毒，暂列为疱疹病毒科，鲤疱疹病毒属，又称鲤疱疹病毒Ⅲ型（CyHV-Ⅲ），KHV是球状病毒，成熟病毒颗粒有囊膜。

2. 症状

病鱼停止游泳，鱼眼凹陷，皮肤上出现苍白的块斑与水泡，类似寄生虫和细菌感染，鳃出血并有大量黏液或组织坏死大小不等的白色块斑，鳞片有血丝，体表分泌大量黏液。

3. 流行情况

目前，该病流行范围已遍及欧亚美非各大洲的以色列、英国、德国、美国、南非、日本、韩国、中国、马来西亚、新加坡、印度尼西亚等国家，并在部分国家造成危害。KHV 的严重危害引起国际动物卫生组织（OIE）和世界粮农组织（FAO）的高度关注。KHV 仅仅感染锦鲤、鲤和剃刀鱼。其鱼苗、幼鱼、成鱼，均可感染。KHV 发病最适温度是 23～28℃（低于 18℃，高于 30℃不会引起死亡）。若鱼已感染 KHV，水温 18～27℃间持续时间越长，疾病暴发的可能性越大。该病多发于春、秋季，潜伏期 14 天，鱼发病并出现症状 24～48h 后开始死亡，开始死亡至 2～4 天内死亡率可迅速达 80%～100%。KHV 暴发后幸存的鱼成为疾病的传播者，可将病毒传染给其他健康的鱼。KHV 主要通过水平传播，能否垂直传播目前尚未确定。

4. 防治方法

目前，无有效的药物用于治疗，对病毒性疾病的预防最有效的控制措施是注射灭活或弱（减）毒疫苗，但目前无商业化生产的 KHV 疫苗。以色列用筛选出的弱毒株经射线处理后，对健康鱼进行免疫，能起到一定的保护作用。发现患病鱼必须销毁，并对水和用具进行彻底消毒。紫外线、50℃以上 1min、200mg/L 有机碘 20min、200mg/L 的漂白粉 30s 都能有效地杀死病毒。

（四）河蟹颤抖病

1. 病原

螺原体（螺原体是 20 世纪 70 年代发现的一类主要寄生于陆生植物和昆虫的微生物，一些螺原体能引起玉米、柑橘等农作物和蜜蜂的病害）。中华绒螯蟹螺原体是首次在水生甲壳动物中发现的螺原体类病原微生物，是一种新型的水生甲壳动物病原体，归属于柔膜体纲、虫原体目、螺原体科、螺原体属；它无细胞壁，具典型的螺旋形态，具运动性。具有广泛的宿主范围，能引起中华绒螯蟹颤抖病，也能侵染克氏原螯虾、南美白对虾和罗氏沼虾并引发大规模的死亡，给水产养殖业造成重大经济损失。

2. 症状

病蟹呈昏迷状，附肢痉挛状颤抖、抽搐或僵直，活动缓慢，反应迟钝，上岸不回。病蟹环爪、倒立、拒食。伴有"黑鳃"、"灰鳃"、"白鳃"等鳃部症状；肌肉发红，尤以大螯、附肢中的肌肉明显；肛门有时红肿、无粪便，偶有长条状污物黏附；头胸甲下方透明肿大，充满无色液体；肝胰腺脓肿成灰白色，肝组织糜烂并发出臭味。

3. 流行情况

此病从幼蟹（5～10g）到成蟹（200～250g）皆有发生。发病时间5～10月，而在8～9月夏秋高温季节发病严重，死亡率高。该病流行期间的水温为23～33℃，而以立秋后25～25.8℃水温时发病最为严重，10月以后水温降至20℃以下，该病逐渐减少。放养密度越高，规格越大，养殖期越长，患病越严重，死亡率越高。

4. 防治方法

以预防为主，目前，尚无有效治疗方法。

预防措施如下。

（1）幼蟹养殖期慎用药物，尤其是对器官损害性大的药物应禁用。

（2）引进扣蟹时，注意检疫。

（3）保持水质清洁，经常换水。每亩水面每20天左右泼洒5～10kg溶化的生石灰，使池水的pH值稳定在7.5～8.5。

（4）发生本病后，不可盲目用药。

（5）严格饲养管理，注意水体及饵料中有毒物质的监控。

（6）饲料中添加免疫增效剂（中草药、多糖类）增强蟹体免疫力。

（7）使用抗生素或其他抗菌药物时，应首选毒副作用小，以避免发生不良反应或加剧病情。

5. 治疗措施

（1）生态养殖。

①水草栽种：3月中旬，池塘进水50cm，池塘沿岸带栽种苦草、大茨藻、轮叶黑藻、伊乐藻，池塘中央设置水花生，水草栽种应体现多样性原则，面积覆盖率达50%左右。

②投放螺类：根据河蟹喜食螺类的食性，3月下旬至4月上旬在池塘中投入螺类作为基本生物饵料，每亩投放螺类250~400kg，螺类投放前使用高锰酸钾浸泡消毒。

（2）严格清塘。研究表明在具有多年颤抖病发生史的池塘里，环境中有较多的病原宿主（河蟹、克氏原螯虾、日本沼虾等淡水甲壳动物），同时，有试验证实，在池塘淤泥中有螺原体病原存在，因此，采取有针对性化学药物严格清塘。利用螺原体病原高度敏感的化学药物溴氰菊酯（敌杀死）、漂白粉进行清塘。具体方法是：池塘注水2~3cm，每亩使用敌杀死（2.5%乳油）500~750ml，均匀喷洒，浸泡24h；池塘进水10cm，每亩使用漂白粉3~5kg进一步消毒和清除野杂鱼，试水后待放苗种。

（3）选用以磺胺甲基异戊唑（SMZ）、氟苯尼考为代表的螺原体敏感药物进行早期预防和治疗，药物添加量均为每100kg饲料添加药物100g，连续用药5天一个疗程。

（五）细菌性烂鳃病

1. 病原

柱状屈挠杆菌，在湿润的固体上可滑行。

2. 症状

体色发黑，鳃丝肿胀、坏死、腐烂，软骨外露，黏液分泌亢进，鳃瓣边缘黏附大量污泥，本分病鱼鳃盖内表面充血、出血，中间腐蚀形成圆形或椭圆形的透明小窗，俗称"开天窗"。

3. 流行情况

对各种养殖品种的鱼类都有危害，一般在水温15℃以上开始流行，常与赤皮病、肠炎病伴发。

4. 防治

（1）草食动物的粪便中含有该病原，因此，池塘施肥时应经发酵处理。

（2）该病原在0.7%的食盐浓度中难以生存，鱼种放养前可用2%～2.5%的食盐水浸泡处理。

（3）治疗应外用药与内服药相结合。

（六）赤皮病

1. 病原

荧光假单胞杆菌。

2. 症状

病鱼体表充血、出血，鳞片脱落，以身体两侧和腹部最明显，鳍条出现"蛀鳍"。

3. 流行情况

发病往往与鱼体受伤有关，危害各种养殖品种，一年四季都可发生。

4. 防治

（1）减少鱼体受伤，放养时可用5～8mg/L浓度的漂白粉浸洗预防。

（2）发病时全池泼洒二氯异氰脲酸钠治疗，使水体终浓度达0.3～0.5mg/L；或全池泼洒双链季铵盐，使水体达0.3mg/L终浓度治疗。

（3）烟叶防治"草鱼三病"时，每亩水面，水深1m用烟叶175g，加4倍于烟叶的水浸泡4h，连叶带渣全池泼洒，连用3天。

（4）"二枫"防治草鱼赤皮效果好。"二枫"即枫杨树和枫香树；亩水面，水深1m用"二枫"树叶各20kg，按1：1比例扎捆放入池中沤水预防。

（七）细菌性肠炎

1. 病原

肠型点状气单胞菌。

2. 症状

体色发黑，食欲减退，肛门红肿外突；腹水，肠道充血、出血发红，肠壁变薄，弹性降低，肠腔内充有大量黏液。

3. 流行情况

主要为害草鱼、青鱼、罗非鱼、黄鳝等，流行季节为 4～9 月，水温 18℃以上开始流行，饲料因素往往是重要的诱因。

4. 防治

（1）投喂新鲜，不喂霉变饲料。

（2）全池泼洒防治用漂白粉（含有效氯 30%）使水体达到 1mg/L 终浓度；或用三氯异氰尿酸（含有效氯 85%）0.5mg/L；或用二氧化氯 0.3mg/L；或用生石灰 20～30mg/L 水体终浓度。

（3）内服磺胺类药治疗，每 100kg 鱼体重拌药 5～10g 做成药饵内服，连喂 3 天。

（4）内服大蒜或地锦草，每 100kg 鱼体重用药 0.5～2kg 拌料内服，连喂 6 天。

（5）铁苋菜治疗，按每 10kg 鱼体重用干草 50g，或用鲜草 200g 拌料投喂，每天 1 次，连用 3 天。

（6）防治草鱼肠炎病时，每 50g 饲料加大蒜 0.25kg、韭菜 1kg、食盐 0.25kg 拌料投喂，连喂 3～5 天。

（八）细菌性败血症

1. 病原

主要为嗜水气单胞菌，也有报道有温和气单胞菌和耶尔森氏菌。

2. 症状

病鱼全身体表充血、出血，甚至肌肉也充出血呈红色，腹水，肝、脾盛肿大，肠道表现为肠炎。

3. 流行情况

对各种养殖品种都有危害，流行季节为 2～11 月，高峰期常为 5～9 月，发病率高达 100%，死亡率可达 95%；

4. 防治

（1）使用生石灰彻底清塘。或用三氯异氰尿酸（强氯精）5～10mg/L 清塘。

（2）用以下药物全池泼洒消毒：用生石灰 20～30mg/L；或用漂白粉（有效氯 30%）1mg/L；或用强氯精（有效氯 84%）0.3mg/L；或用漂白粉精（有效氯 65%）0.4～0.8mg/L。

（3）内服诺氟沙星（氟哌酸），每 1kg 鱼体重，每天用本品 10～20mg 拌料内服；或用土霉素每天用 50mg/kg 鱼体重药饵内服，连用 3～5 天。

（九）鲢碘泡虫病

鲢碘泡虫病，又称疯狂病，由鲢碘泡虫寄生于白鲢的神经系统和感觉器官引起。

1. 病原

鲢碘泡虫，孢子壳面观杜衡椭圆形或倒卵形，极囊 2 个，一大一小，嗜碘泡明显。

2. 症状

病鱼头大尾小，消瘦，脊柱向背部弯曲，是尾部上翘。病鱼间歇性的在水体内狂游、打转等，最后死亡；剖解可见内脏器官萎缩，脑内有白色的孢囊形成。

3. 流行情况

主要危害 0.5kg 左右的鲢，春季白鲢鱼苗阶段感染，到夏季，随着虫体的生长、发育和繁殖，出现症状。

4. 防治

预防：对有发病史的池塘或养殖水体，每月泼洒敌百虫 1～

2 次，浓度为 0.2 ~ 0.3mg/L。

治疗：泼洒敌百虫 0.2 ~ 0.3mg/L，可减轻寄生在鱼体表和鳃上的粘孢子虫的病情；寄生在肠道内的粘孢子虫，用晶体敌百虫、盐酸环氯胍、盐酸左旋咪唑拌饵投喂，同时再泼洒敌百虫，可减轻病情。

（十）小瓜虫病

小瓜虫病，又叫白点病，由多子小瓜虫寄生于各种淡水鱼的体表和鳃上引起。

1. 病原

多子小瓜虫，幼虫呈卵圆形或椭圆形，虫体前端有一乳突状的砖孔器，后端有一长的尾毛；虫体中部有一香肠状的大核；包囊期是虫体侵入机体组织后形成的白色圆形的结构。

2. 症状

虫体主要寄生在鳃和皮肤，引起寄生部位黏液分泌亢进，和功能的下降。

3. 流行情况

各种淡水养殖品种都可感染，主要危害鱼苗、鱼种，最适宜的水温是 15 ~ 25℃。

4. 防治

（1）生石灰彻底清塘预防。

（2）用石灰和硫黄合剂 3 ~ 5mg/L，加敌百虫 0.3mg/L 全池泼洒，连用 3 天。

（3）福尔马林治疗，用药 15 ~ 30mg/L 泼洒。

（4）每亩水面（水深 1m），用干辣椒 150g、干姜 50g 煎煮成 25kg 药水全池泼洒；或用 0.5 ~ 0.75kg 辣椒粉和 1 ~ 1.5kg 捣碎生姜煮沸 30min 全池泼洒，连用 2 天。

（十一）车轮虫病

1. 病原

车轮虫，虫体侧面观如毡帽状，反面观呈车轮状，运动时如车轮旋转样。

2. 症状

虫体主要寄生在鳃和皮肤，鱼苗寄生后可出现"白头白嘴"状，或成群绕池塘狂游呈"跑马"症状。

3. 流行情况

主要危害鱼苗、鱼种，流行于 5~8 月。

4. 防治

（1）硫酸铜和硫酸亚铁合剂（5∶2）全池泼洒治疗，使池水终浓度达 0.7mg/L。

（2）2% 的食盐浸洗鱼体 15min 以上，或用 8mg/L 的硫酸铜溶液药浴 20min，治疗效果较好。

（3）每亩水面，水深 1m，用苦楝树枝 15~25kg，煮汁全池泼洒或苦楝树叶浸泡在池塘中预防，7~10 天换药一次。

（4）每亩水面，水深 1m，用枫树叶 25kg，煮汁全池泼洒预防。

（5）每亩水面，水深 1m，用生韭菜 2.5~3.5kg，捣烂后加盐 65g 拌匀全池泼洒。

（十二）指环虫病

由指环虫属的单殖吸虫寄生于鱼的鳃上引起。全世界已报道 970 余种，我国记载有 369 种。指环虫广泛寄生于鱼类的鳃上，其寄主种类有 28 科 194 属之多，其中，约 95% 的种类寄生于鲤科鱼类。我国指环虫种类多样，约占世界的 40%，这与指环虫较强的寄生专一性以及我国地处东南亚鲤科鱼类繁育中心的位置是密切相关。

1. 病原

鳃片指环虫寄生于草鱼的鳃、皮肤和鳍；鳙指环虫寄生于鳙鱼的鳃；鲢指环虫寄生于鲤、鲫、金鱼的鳃；坏鳃指环虫寄生于鲤、鲫、金鱼的鳃；小鞘指环虫寄生在鲢鱼的鳃。

2. 症状

少量寄生时无明显症状，大量寄生时，引起鳃黏液分泌亢进，鳃变性与坏死，呼吸机能下降。

3. 流行情况

主要危害鱼苗、鱼种，流行于春末夏初。

4. 防治

（1）敌百虫或敌百虫面碱合剂（1：0.6）0.1～0.25mg/L。

（2）1.8%阿维菌素泼洒0.08～0.1mg/L。

（3）10%甲苯咪唑溶液0.10～0.15g/m³，稀释2 000倍后泼洒（甲苯咪唑浓度过高会引起鱼体黏液脱落）。

（十三）舌状绦虫病（俗称"面条虫"病）

1. 病原

舌状绦虫和双线绦虫的裂头蚴。其终末宿主是鸥鸟。

2. 症状

主要识别特征：病鱼腹部膨大，身体消瘦，失去平衡，常侧卧或腹部朝上，游动缓慢无力，常在吃食后出现水面漫游。剖开肠道可见肠腔内充满大量白色面条状虫体。严重时堵塞肠道，挤压内脏，损伤肝脏，引起生长受阻，鱼体极度消瘦，失去生殖能力，甚至死亡。

3. 流行情况

为害品种有草、鲤、鲫、鲢等鱼种或成鱼。防治适期在夏季。

4. 防治

（1）采用清塘方法杀灭虫卵和第一中间寄主，同时，驱赶终末寄主鸥鸟，可减轻病情。

（2）全池泼洒晶体敌百虫治疗，浓度 0.8mg/L。

（3）内服二丁基氧化锡治疗，每 1kg 鱼体重每天用 0.25g 拌料投喂，连用 5 天。

（4）内服硫双二氯酚，每 1kg 鱼体重每天用 0.2g 拌料内服，连用 3 天。

（5）内服灭蠕灵治疗，每 1kg 鱼体重每天用 0.3～4g 拌料内服，连用 5 天。

（十四）锚头鳋病

1. 病原

我国发现的有 10 多种，其中，为害较大的有多态锚头鳋，寄生于鳙、鲢等鱼的体表和口腔；鲤锚头鳋寄生于鲤鲫、鲢、鳙、乌鳢、青鱼等多种鱼类的体表、鳍和眼；草鱼锚头鳋寄生于草鱼的体表、鳍基和口腔。

2. 症状

虫体以其头角和一部分胸部深深地钻入肌肉组织或鳞片下，造成组织损伤、发炎、溃疡，导致水霉、细菌的继发感染。虫体以血液和体液为食，夺取宿主营养，病鱼表现为焦躁不安，消瘦，甚至大批死亡。

3. 流行情况

主要为害鱼种，虫体最适繁殖水温为 15～23℃，因此，具有该水温的季节为流行季节。

4. 防治

（1）全池泼洒晶体敌百虫治疗，用药浓度 0.3～0.5mg/L，2 周 1 次，连续 2 次。

（2）高锰酸钾药浴治疗，水温 15～20℃ 时，用 10～20mg/L 浓度浸洗 1.5～2h；水温 21～30℃ 时，用 10mg/L 浓度浸洗 1.5～2h。

（3）每亩水面（水深1m）用苦楝树根6kg、桑叶10kg、芝麻饼或豆饼11kg、菖蒲2.5kg研碎混合全池撒施。

（4）每亩水面（水深1m）用刺五加皮75～100kg浸在水中防治。

（5）每亩水面（水深1m）用牛血（或猪血）5kg，与豆渣拌和全池投放治疗，连用3天。

（6）每亩水面，水深1m，用酒糟100～150kg泼洒，连用3天治疗。

（7）每亩水面，水深1m，用松树叶10～15kg，捣碎后全池投放。

（十五）水霉病

1. 病原

主要病原有水霉、绵霉。

2. 症状

疾病早期，肉眼看不出有什么异状，当肉眼能看出时，菌丝不仅在伤口侵入，且已向外长出外菌丝，似灰白色棉毛状，故俗称生毛。或白毛病。由于真菌能分泌大量蛋白质分解酶，机体受刺激后分泌大量黏液，病鱼开始焦躁不安，与其他固体物发生摩擦，以后鱼体负担过重，游动迟缓，食欲减退，最后瘦弱而死。

在鱼卵孵化过程中，此病也常发生，内菌丝侵入卵膜内，卵膜外丛生大量外菌丝，故称"卵丝病"；被寄生的鱼卵，因外菌丝呈放射状，故又有"太阳籽"之称。

3. 流行情况

水霉在淡水水域中广泛存在，在国内外养殖地区均有流行；对温度的适应范围很广，5～26℃均可生长繁殖，不同种类略有不同，有的种类甚至在水温30℃时还可生长繁殖。水霉、绵霉属的繁殖适温为13～18℃。对水产动物的种类没有选择性，凡是受伤的均可被感染，而未受伤的则一律不受感染，且在尸体上水霉繁殖得特别快，所以水霉是腐生性的，对水产动物是一种继发性感染。倪达书（1982）认为，可能是由于活细胞能分泌一种抗霉物质的缘故。在活的鱼卵上有时虽可看到孢子的萌发和穿入卵壳，并悬浮在卵的间质或卵间隙中生长和分出侧枝的情况，但是，如果胚胎发育正常，则悬浮在卵间质中的内菌丝，一般就停止发育，也不长出外菌丝；当胚胎因故死亡时，则内菌丝迅速延伸入死胚胎而繁殖，同时，外菌丝亦随之长出，当菌丝长得多时，附近发育正常的卵也因菌丝覆盖窒息而死，这样恶性循环，有时可引起全部卵死亡。河蟹、鳖等也可患病，患病后食欲减退，行动呆滞，河蟹无法蜕壳，最后死亡。

4. 防治

预防措施：

（1）鱼体水霉病的预防。

①除去池底过多淤泥，并用200mg/L生石灰或20mg/L漂白粉消毒。

②加强饲养管理，提高鱼体抵抗力，尽量避免鱼体受伤。

③亲鱼在人工繁殖时受伤后，可在伤处涂抹10%高锰酸钾水溶液等，受伤严重时则需肌肉或腹腔注射链霉素5万~10万单位/kg鱼。

（2）鱼卵水霉病的预防。

①加强亲鱼培育，提高鱼卵受精率，选择晴朗天气进行繁殖。

②鱼巢洗净后进行煮沸消毒（棕榈皮做的鱼巢），或用盐、漂白粉等药物消毒（聚草、金鱼藻等做的鱼巢）。

③产卵池及孵化用具进行清洗、消毒。

④采用淋水孵化，可减少水霉病的发生。

⑤鱼巢上黏附的鱼卵不能过多，以免压在下面的鱼卵因得不到足够氧气而窒息死亡，感染水霉后再进一步危及健康的鱼卵。

5. 治疗

目前，尚无理想的治疗方法，只有在疾病早期进行及早治疗才有一定疗效。

（1）外用药。

①全池遍洒食盐及小苏打（碳酸氢钠）合剂（1∶1），使池水成 8mg/L 的浓度。

②全池遍洒亚甲基蓝，使池水成 2～3mg/L 浓度，隔两天再泼 1 次。

③白仔鳗在患病早期，可将水温升高到 25～26℃，多数可自愈。

（2）内服抗细菌的药（如磺胺类、抗生素等），以防细菌感染，疗效更好。

（十六）中华绒螯蟹颤抖病（抖抖病、环爪病）

1. 病原

目前，对病原无确切的结论。

2. 症状

病蟹食欲下降，活动减慢，对外界刺激不敏感，并伴有脱壳不遂的特征，但四肢尚能伸直，后期河蟹的指节前段出现微红，并逐渐向上延伸，常伴有步足将身体撑起来的现象，进而发现支撑不足"颤抖"，最后步足中的长节和腕节肌肉病变、萎缩、部分肌肉呈现水样状，步足不能回伸，站立不稳，附肢抖动不停，全身抽搐痉挛，无力翻身。病蟹不脱壳，体内积水，3～4 天后即会死亡。解剖可见鳃丝呈灰黄色和黑褐色，肝脏病变明显，肝胰脏囊肿呈灰白色，肝组织糜烂、伴有臭味，肠道无食，有炎症反应，三角眼膜出现水肿，打开腹甲有明显炎症。

3. 流行情况

该病主要为害 2 龄幼蟹和成蟹，当年养成的蟹一般发病率较低。发病蟹体重为 30～120g，100g 以上的蟹发病最高。发病季节为 5 月至 10 月上旬，8～10 月是发病的高峰季节，流行水温为

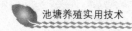

25～35℃。

4. 防治

（1）生石灰，一次量，每亩水体 100kg，全池泼洒 1 次，并对池底进行暴晒、翻动。

（2）30% 三氯异氰脲酸粉，一次量，0.5mg/L，全池泼洒，7～10 天 1 次，连用 2 次。

（十七）中华鳖疱疹病毒病（中华鳖病毒性增殖物）

1. 病原

中华鳖疱疹病毒（TSHV）。

2. 症状

病蟹全身出现对称性溃疡，以腹甲、边缘居多，背甲较少；溃疡面下陷，可达真皮甚至暴露出甲板；有些溃疡面可见到痂，痂皮致密，呈褐色；病死鳖腹部有红色出血点或斑块；肝脾肿大、黏膜及消化道充血。

3. 流行情况

该病主要危害幼鳖，成鳖也可能感染该病。主要流行于春季，流行温度 20℃左右。

4. 防治方法

（1）漂白粉，一次量，2～4mg/L，疾病流行季节，全池泼洒，15 天 1 次，同时，每天对食物台进行消毒。

（2）10% 聚维酮碘溶液，一次量，0.3mg/L，全池泼洒 1 次。

（3）碘胺五甲氧嘧啶和甲氧苄氨嘧啶，一次量，每 1kg 体重，用 160mg 和 40mg 拌饲投喂，1 天 1 次，连用 6 天，第二天后用量减半。

（十八）鳖细菌性败血症（鳖出血性败血症、鳖嗜水气单胞菌败血症、鳖出血病）

1. 病原

主要病原是嗜水气单胞菌，也有人认为温和气单胞菌和豚鼠气单胞菌也是病原之一。

2. 症状

出血是该病典型、基本的症状。病鳖腹甲出现斑块充血，颈部红肿；体腔内有腹水，肠道出血、发炎，肝脏肿大，呈土黄色；脾、胆、心等也有肿大或充血现象，卵巢和卵出血。

3. 流行情况

该病主要危害鳖苗、成鳖和亲鳖，发病时间为6～9月，7～8月为流行高峰，流行温度30～32℃。

4. 防治

（1）土法鳖病疫苗，一次量，每1kg体重，0.3～0.5ml。肌内或腹腔注射。

（2）氟苯尼考或链霉素，一次量，每1kg体重20mg或50～70mg，拌饲投喂，1天1次，连用3～5天。

（3）漂白粉或二氧化氯，一次量，2～3mg/L或0.4～0.5mg/L，全池泼洒，2天1次，连用3天。

（4）硫酸链霉素，一次量，每1kg体重20万国际单位，从病鳖后腿肌内或皮下注射，1天1次，连用1～2天。

（十九）气泡病

1. 病因

水中某种气体过饱和都可引起水产动物患气泡病；越幼小的个体越敏感，主要危害幼苗，如不及时抢救，可引起幼苗大批死亡，甚至全部死光；较大的个体亦有患气泡病的，但较少见。如水温31℃时，水中含氧量达到14.4mg/L（饱和度192%），体长0.9～1.0cm鱼苗生气泡病；而体长1.4～1.5cm的鱼苗，水中含氧量达24.4mg/L（饱和度325%）时，才发生气泡。引起水中某种气体过饱和的原因很多，常见的有以下几点。

（1）水中浮游植物过多，在强烈阳光照射的中午，水温高，藻类行光合作用旺盛，可引起水中溶氧过饱和。

（2）池塘中施放过多未经发酵的肥料，肥料在池底不断分解，消耗大量氧气，在缺氧情况下，分解放出很多细小的甲烷、硫化氢气泡，鱼苗误将小气泡当浮游生物而吞入，引起气泡病，这危害比氧过饱和为大，因这些气体有毒，同时，水产动物体内的氧又可被逐渐消耗。

（3）有些地下水含氮过饱和，或地下有沼气，也可引起气泡病，这些比氧过饱和的危害为大。

（4）在运输途中，人工送气过多；或抽水机的进水管有破损时，吸入了空气；或水流经过拦水坝成为瀑布，落入深水潭中，将空气卷入，均可使水成为气体过饱和。

（5）水温高时，水中溶解气体的饱和量低，所以，当水温升高时，水中原有溶解气体，就变成过饱和而引起气泡病。如1973年4月9日，美国马萨诸塞的一个发电厂排出废水，使下游的水温上升，引起气体过饱和，大量鲱鱼患有气泡病而死。在工厂的热排水中，有时本身也气体过饱和，即当水源溶解气体饱和或接近饱和时，经过工厂的冷却系统后，再升温就变为饱和或过饱和。

（6）在北方冰封期间，水库的水浅、水清瘦、水草丛生，则水草在冰下营光合作用，也可引起氧气过饱和，引起几十千克重的大鱼患气泡病而死，这在大连、辽宁均有发生。

2. 症状

最初感到不舒服，在水面作混乱无力游动，不久在体表及体内出现气泡，当气泡不大时，鱼、虾还能反抗其浮力而向下游动，但身体已失去平衡，时游时停，随着气泡的增大及体力的消耗，失去自由游动能力而浮在水面，不久即死，解剖及用显微镜检查，可见血管内有大量气泡，引起栓塞而死。

3. 防治

主要针对上述发病原因，防止水中气体过饱和。注意水源，不用含有气泡的水（有气泡的水必须经过充分暴气），池中腐殖质不应过多，不用未经发酵的肥料；平时掌握投饲量及施肥量，注意水质，不使浮游植物繁殖过多（日本介绍保持池水呈淡绿色，pH 值在 8.3 以下，透明度不低于 35cm，则不会引起水中含氧过饱和）；水温相差不要太大；进水管要及时维修，北方冰封期，在冰上应打一些洞等。

当发现患气泡病时，应立即加注溶解气体在饱和度以下的清水，同时，排除部分池水，或将患气泡病的个体移入清水中，病情轻的能逐步恢复正常，尤其是氧气过饱和的容易恢复。

（二十）跑马病

1. 病因及症状

鱼围绕池边成群狂游，驱赶也不散，呈跑马状，故叫"跑马病"，湖南叫"车边病"。鱼因大量消耗体力，消瘦、衰竭而死。这病通常发生在鱼苗饲养阶段，天气阴雨连绵，经过 10 多天的饲养，池中缺乏适口饲料（尤其是草鱼、青鱼的适口饲料）；有时池塘漏水、影响水质肥度，鱼长期顶水，体力消耗大，也会引起跑马病。通常鲢、鳙鱼发生跑马病的情况较少见。

2. 防治

鱼苗的放养不能过密（如密度较大，应增加投饲量），鱼池不能漏水，鱼苗在饲养 10 天后，应投喂一些藻砂、豆渣等草鱼、青鱼适口的饲料。发生跑马病后，应及时进行镜检，如不是由大量车轮虫寄生引起的跑马，用芦席从池边隔断鱼苗群游的路线，并投喂豆渣、豆饼浆、米糠或蚕蛹粉等鱼苗喜吃的饲料，不久即可制止。也可将鱼池中的草鱼、青鱼分养到已培养了大量大型浮游动物的池塘中去饲养。

四、水生动物疫情报告的相关知识

（1）国家农业部渔业局行政管理部门主管全国水生动物疫

情报告工作，县级以上地方人民政府渔业行政管理部门主管本行政区内的水生动物疫情报告工作。农业部渔业局行政管理部门统一管理并公布全国水生动物疫情，也可以根据需要授权省、自治区、直辖市人民政府渔业行政管理部门公布本行政区域内的水生动物疫情。未经授权，其他任何单位和个人不得以任何方式公布水生动物疫情。

（2）任何单位或者个人发现患有疫病或者疑似疫病的水生动物，都应当及时向当地水生动物防疫监督机构报告，水生动物防疫监督机构应当迅速采取措施，并按照国家有关规定上报。

（3）各级水生动物防疫监督机构实施辖区内水生动物疫情报告工作。

（4）水生动物疫情实行逐级报告制度。县、市、省水生动物防疫监督机构、全国渔业总站建立四级疫情报告系统。任何单位和个人不得瞒报、谎报、阻碍他人报告水生动物疫情。

（5）如发生一类水生动物疫病时，当地县级以上地方人民政府渔业行政主管部门应当立即派人到现场，划定疫点、疫区、受威胁区，采集病料，调查疫源，及时报请同级人民政府决定对疫区进行封锁，并将疫情逐级上报国务院渔业行政主管部门。县级以上地方人民政府应当立即组织有关部门和单位采取隔离、扑灭、销毁、消毒、紧急免疫接种等强制性控制、扑灭措施，并通报毗邻地区。

在封锁期间，禁止染疫和疑似染疫的水生动物、水生动物产品流出疫区，禁止非疫区的水生动物进入疫区，并根据扑灭疫病的需要对出入封锁区的人员、运输工具及有关物品采取消毒和其他限制性措施。

疫区范围涉及两个以上行政区域的，由有关行政区域共同的上一级人民政府决定对疫区实行封锁，或者由各有关行政区域的上一级人民政府共同决定对疫区实行封锁。

（6）发生二类水生动物疫病时，当地县级以上地方人民政府渔业行政主管部门应当划定疫点、疫区、受威胁区，并通报上级渔业行政主管部门。

县级以上地方人民政府应当根据需要组织有关部门和单位采取隔离、捕杀、销毁、消毒、紧急免疫接种、限制易感染的水生动物、水生动物产品及有关物品出入等控制、扑灭措施。

（7）发生三类水生动物疫病时，县级、乡级人民政府应当按照水生动物疫病预防计划和国务院渔业行政主管部门的有关规定，组织扑灭和净化。

以上（2）、（3）所称疫点、疫区、受威胁区和疫区封锁的解除，由原决定机关宣布。二类、三类水生动物疫病呈暴发性流行时，依照一类水生动物疫病情况的规定办理。

（8）一类、二类、三类动物疫病病种名录

①一类动物疫病鲤春病毒血症、白斑综合征。

②二类动物疫病 鱼类病（11种）：草鱼出血病、传染性脾肾坏死病、锦鲤疱疹病毒病、刺激隐核虫病、淡水鱼细菌性败血症、病毒性神经坏死病、流行性造血器官坏死病、斑点叉尾鮰病毒病、传染性造血器官坏死病、病毒性出血性败血症、流行性溃疡综合征。甲壳类病（6种）：桃拉综合征、黄头病、罗氏沼虾白尾病、对虾杆状病毒病、传染性皮下和造血器官坏死病、传染性肌肉坏死病。

③三类动物疫病 鱼类病（7种）：鲫类肠败血症、迟缓爱德华氏菌病、小瓜虫病、黏孢子虫病、三代虫病、指环虫病、链球菌病。甲壳类病（2种）：河蟹颤抖病、斑节对虾杆状病毒病。贝类病（6种）：鲍脓疱病、鲍立克次体病、鲍病毒性死亡病、包纳米虫病、折光马尔太虫病、奥尔森派琴虫病。两栖与爬行类病（2种）：鳖鳃腺炎病、蛙脑膜炎败血金黄分枝杆菌病。

（9）水生动物疫病远程辅助诊断服务网相关知识。为了及时、有效地提供在线水生动物疫病防控的科学知识普及、技术咨询、辅助诊断等技术服务，全国水产技术推广总站于 2012 年 3 月，开通了水生动物疫病远程辅助诊断服务网（http：//www.adds.org.cn），设有"常见疫病"、"自助诊断"、"专家诊室"等栏目。在"常见疫病"栏目中，收集了鱼类、甲壳类、贝类及其他水生动物疫病 188 种，对每种疫病从病原、主要危害对象、主要症状、流行情况、预防措施、治疗方法等 6 个方面进行了描述。在"自助诊断"栏目中，介绍有代表性的 17 个品种 130 个常见疫病，从症状、典型图片、预防控制措施，方便基层水产技术人员和养殖渔民进行图病对照、自助诊断。在"专家诊室"栏目中，遴选了水产技术推广、科研机构和大专院校等单位病害控专家 10 余人，针对渔民提出的病例进行专家诊断与防治技术指导。

# 第三节　鱼用药物使用注意事项

## 一、鱼药使用基本原则

（1）水生动物增养殖过程中对病害的防治，坚持"全面预防，积极治疗"的方针，强调"以防为主，防重于治，防、治结合"的原则。

（2）鱼药的使用应严格遵循国务院、农业部有关规定，严禁使用未经取得生产许可证、批准文号、生产执行标准的鱼药。

（3）在水产动物病害防治中，推广使用高效、低毒、低残留鱼药，建议使用生物鱼药、生物制品。

（4）病害发生时应对症用药，防止滥用鱼药与盲目增大用药量或增加用药次数、延长用药时间。常用外用鱼药及使用方法，参见表3-1；水产增养殖中常用内服鱼药及使用方法，见表3-2。

表3-1　常用的外用鱼药及使用方法

| 序号 | 药物名称 | 使用方法 | 主要防治对象 | 常规用量 mg/L 或 ml/m³ |
|---|---|---|---|---|
| 1 | 硫酸铜（蓝矾、胆矾、石胆）Copper sulfate | 浸浴 | 纤毛虫、鞭毛虫等寄生性原虫病 | 淡水：8~10（15min~30min） |
| | | 全池泼洒 | 纤毛虫、鞭毛虫等寄生性原虫病 | 淡水：0.5~0.7 海水：1.0 |
| 2 | 甲醛（福尔马林）Liqour formaldehyde | 浸浴 | 纤毛虫、鞭毛虫、贝尼登虫等寄生性原虫病 | 淡水：100（0.5~3.0h）海水：250~500（10~20min） |
| | | 全池泼洒 | 纤毛虫病、水霉病、细菌性鳃病、烂尾病等 | 10~30 |
| 3 | 敌百虫 Metrifonate（90%晶体） | 全池泼洒 | 甲壳类、蠕虫等寄生性鱼病 | 0.3~0.5 |
| 4 | 漂白粉 Bleaching powder | 全池泼洒 | 微生物疾病：如皮肤溃疡病、烂鳃病、出血病等 | 1.0~2.0 |
| 5 | 二氯异氰尿酸钠 Sodium dichloroisocyanurate（有效氯55%以上） | 全池泼洒 | 微生物疾病：如皮肤溃疡病、烂鳃病、出血病等 | 0.3~0.5 |
| 6 | 三氯异氰尿酸 Trichloroisocyanuric acid（有效氯80%以上） | 全池泼洒 | 微生物疾病：如皮肤溃疡病、烂鳃病、出血病等 | 0.1~0.5 |
| 7 | 二氧化氯 Chlorine dioxide | 全池泼洒 | 微生物疾病：如皮肤溃疡病、烂鳃病、出血病等 | 0.5~2.0 |

（续表）

| 序号 | 药物名称 | 使用方法 | 主要防治对象 | 常规用量 mg/L 或 ml/m³ |
|---|---|---|---|---|
| 8 | 聚维酮碘 Povidone-iodine （含有效碘 1.0%） | 浸浴 | 预防病毒病：如草鱼出血病、传染性胰腺坏死病、传染性造血组织坏死病、病毒性出血败血症等 | 草鱼种：30（15～20min）鲑鳟鱼卵：30～50（5～15min） |
| | | 全池泼洒 | 细菌性烂鳃病、弧菌病、鳗鲡红头病、中华鳖腐皮病等 | 幼鱼、幼虾：0.5～1.0 成鱼、成虾：1.0～2.0 鳗鲡、中华鳖：2.0～4.0 |

注：本表所推荐的常规用量，是指养殖水水温在 20～30℃，水质为中度硬水（总硬度 50～90mg/L 水体），pH 值为中性，其余指标达 GB 11607 时的鱼药用量

#### 表3-2　常用内服鱼药及使用方法

| 序号 | 药物名称 | 主要防治对象 | 常规用量（按体重计）mg/（kg·天） | 使用时间 天 |
|---|---|---|---|---|
| 1 | 土霉素 Oxytetracycline | 肠炎病、弧菌病等 | 50～80 | 6～10 |
| 2 | 四环素 Tetracycline | 肠炎病及由立克次体或支原体引起的疾病 | 75～100 | 6～10 |
| 3 | 红霉素 Erythromycin | 细菌性鳃病、白头白嘴病、链球菌病、对虾肠道细菌病、贝类幼体面盘解体病等 | 50 | 5～7 |
| 4 | 诺氟沙星 Norfloxacin | 细菌性败血症、肠炎病、溃疡病等 | 20～50 | 3 |
| 5 | 盐酸环丙沙星 Ciprofloxacin | 鳗鱼细菌性烂鳃病、烂尾病、弧菌病、爱德华氏菌病等 | 15～20 | 5～7 |
| 6 | 磺胺嘧啶 Sulfadiazine | 赤皮病、肠炎病、链球菌病、鳗鱼弧菌病等 | 100 | 5 |

（续表）

| 序号 | 药物名称 | 主要防治对象 | 常规用量<br>（按体重计）<br>mg/（kg·天） | 使用时间<br>天 |
|---|---|---|---|---|
| 7 | 磺胺甲基异噁唑<br>Sulfamethoxazole | 肠炎病、牛硅爱德华氏菌病 | 100～200 | 5～7 |
| 8 | 磺胺间甲氧嘧啶<br>Sulfamonomethoxine | 竖鳞病、赤皮病、弧菌病 | 50～200 | 4～6 |
| 9 | 磺胺二甲异噁唑<br>Sulfafurazole | 弧菌病、竖鳞病、疖疮病、烂鳃病等 | 200～500 | 4～6 |
| 10 | 磺胺间二甲氧嘧啶<br>Sulfadimethoxine | 肠炎病、赤皮病 | 20～200 | 3～6 |
| 11 | 呋喃唑酮（痢特灵）<br>Furazolidone | 烂鳃病、肠炎病、细菌性出血病、白头白嘴病等 | 20～60 | 5～7 |

注：磺胺类药物需与甲氧苄氨嘧啶（TMP）同时使用，并且第一天药量加倍

（5）食用鱼上市前，应有休药期。休药期的长短应确保上市水产品的药物残留量必须符合 NY5070 的要求。常用鱼药休药期，参见表 3-3。

表 3-3　常用鱼药休药期

| 序号 | 药物名称 | 停药期天 | 适用对象 |
|---|---|---|---|
| 1 | 敌百虫 Metrifonate<br>（90% 晶体） | ≥10 | 鲤科鱼类、鳗鲡、中华鳖、蛙类等 |
| 2 | 漂白粉<br>Bleaching powder | ≥5 | 鲤科鱼类、中华鳖、蛙类、蟹、虾等 |
| 3 | 二氯异氰尿酸钠<br>Sodium dichloroisocyanurate<br>（有效氯 55%） | ≥7 | 鲤科鱼类、中华鳖、蛙类、蟹、虾等 |
| 4 | 三氯异氰尿酸<br>Trichloroisocyanuric acid<br>（有效氯 80% 以上） | ≥7 | 鲤科鱼类、中华鳖、蛙类、蟹、虾等 |
| 5 | 土霉素<br>Oxytrteacycline | ≥30 | 鲤科鱼类、中华鳖、蛙类、蟹、虾等 |

（续表）

| 序号 | 药物名称 | 停药期天 | 适用对象 |
|---|---|---|---|
| 6 | 磺胺间甲氧嘧啶及其钠盐<br>Sulfamonomethoxine or it's natrium | ≥30 | 鲤科鱼类、中华鳖 蛙类、蟹、虾等 |
| 7 | 磺胺间甲氧嘧啶及磺胺增效剂的配合剂<br>Sulfamonomethoxine and ormethoprim's | ≥30 | 鲤科鱼类、中华鳖、蛙类、蟹、虾等 |
| 8 | 磺胺间二甲氧嘧啶<br>Sulfadimethoxine | ≥42 | 虹鳟 |

（6）水产饲料中药物的添加应符合 NY5072 的要求，不得选用国家规定禁止使用的药物或添加剂，也不得在饲料中长期添加抗菌药物。

（7）严禁使用高毒、高残留或具有三致毒性（致癌、致畸、致突变）的鱼药。禁用鱼药，见表 3 - 4。

表 3 - 4　禁用鱼药

| 名称 | 禁用原因 |
|---|---|
| 硝酸亚汞 Mercurous nitrate | 毒性大，易造成蓄积，对人危害大 |
| 醋酸汞 Mercuric acetate | 毒性大，易造成蓄积，对人危害大 |
| 孔雀石绿 Malachite Green | 具致癌与致畸作用 |
| 六六六 Bexachloridge | 高残毒 |
| 滴滴涕 DDT | 高残毒 |
| 磺胺脒（磺胺脒）Sulfaguanidine | 毒性较大 |
| 新霉素 Neomycin | 毒性较大，对人体可引起不可逆的耳聋等 |

# 第四章　常规经济品种的养殖技术

## 第一节　草鱼养殖技术

草鱼是我国传统养殖的四大家鱼之一，易于养殖管理，由于味道鲜美，价格低廉，生长速度快而受到广大消费者的喜爱。

### 一、草鱼生物学个性

#### （一）生活习性

通常生活在水体中下层，但觅食时也在上层活动。性活泼，游动快。对水温适应性较强，在 0.5~38℃ 水中都能生存，在 27~30℃ 时摄食强度最大。草鱼喜欢较清瘦的水，对肥水和低氧具有一定适应力。水中溶氧量 5mg/L 时可正常生长发育，溶氧量 1.6mg/L 时呼吸受限制。

#### （二）食性

喜食水草和其他植物性食料，是典型的食草性鱼类。在人工养殖条件下也摄食人工饲料，如饼类配合饵料等。草鱼虽然吃草，但不能消化利用纤维素，仅能消化利用被磨研破裂的细胞内原生质。草鱼的日食量通常为体重的 40% 左右，最大为 60%~70%。日食量随水温、水质状况有所变化。

#### （三）生长

草鱼生长快，其体长增长最快时期为 1~2 龄，体重增长则以 2~3 龄最快，5 龄后生长明显变慢。

## 二、苗种培育

### (一)草鱼鱼苗培育

#### 1. 食性变化

体长 3cm 以前，是典型的滤食浮游生物的鱼类。在人工饲养条件下，3cm 以上时草鱼开始吃幼嫩的植物的嫩叶、幼芽等，随着不断生长发育，便能吃各种水生和陆生植物。

#### 2. 鱼苗在池塘中的分布和对水质的要求

刚下塘的鱼苗大都在水边或水表层分散或分小群缓慢流动，5~7 天后渐离池边，10 天后逐渐到中下层水域活动，喜欢成群顺池流动。草鱼苗对水中含氧量、氨量、pH 值、盐度等要求较高。池中溶氧量不低于 3mg/L，但是溶氧过饱和易发生气泡。鱼苗误食会产生气泡病。pH 越高，对鱼苗越不利，最适宜的 pH 值为 7.7~8.5。盐度高于 3‰，鱼苗生长发育较慢。

#### 3. 鱼苗放养

鱼苗池应选择注排水方便、水源充足，水质符合淡水养殖用水标准。面积 2~3 亩，水深 1~1.5m，池形长方形，东西向，要求阳光充足，池底平坦，淤泥适量（以深 6~10cm 为宜），无水草、杂草，不渗漏。鱼苗入池前应对鱼池进行清整，一般在冬、春进行，挖去池底过多淤泥，平整池底，填补漏洞裂缝，清除杂草。然后用生石灰或漂白粉等药物消毒清塘。漂白粉清塘 5 天后可放鱼苗。放养密度为每亩放 8 万~10 万尾。放养鱼苗前用密眼网将池中的有害昆虫、蛙卵、蝌蚪和杂鱼拉出来。鱼苗下塘时间应在鱼苗鳔充气后能正常水平游动和摄食外界食物时。过早下塘，鱼苗会因活动和摄食能力弱沉入水底而死亡。过晚也会因卵黄已吸收完而得不到营养导致体质下降；每个池塘应放同批鱼苗，否则会因游动和摄食能力不同而影响成活率，也容易造成规格不整齐；下塘前要经过"缓苗"处理，使装鱼苗的水温和池塘水温不超过5℃；有风天应在鱼池上风处放鱼苗，以免在下风处放养将鱼苗吹到池边致死。

4. 饲养方法

（1）豆浆饲养法。鱼苗下塘后5~6h喂第一次豆浆，先将黄豆用水浸泡，以豆瓣间隙胀满为好。1kg生黄豆可磨成30kg豆浆，1kg豆饼可磨成20~24kg豆饼浆。磨浆时同时加入水，不能磨浆后再加水冲稀，这样易产生沉淀。另外，豆浆随磨随喂，时间长了易沉淀变质。投喂量是根据水面大小而不是根据鱼苗数量决定的，一般鱼苗下塘后10天，每天每亩投喂用黄豆1.5~2kg磨成的浆，或用2~2.5kg豆饼磨成的浆。10天后根据水色、鱼的生长情况酌情增加。一般养殖成1万尾夏花需黄豆5~5.5kg的浆或豆饼7.5kg的浆。一般每天投喂2次，上午8：00~9：00，14：00~15：00。若鱼池较大（2亩以上），须将豆浆放入小船中，一人撑船，一人用勺舀浆泼洒，泼洒时候力求均匀，滴细，全池都能洒到。

（2）肥水培育法。轮虫大小适合、营养丰富，是鱼苗开食的好饵料。一般在施肥后8~10天，轮虫数量达到高峰期将鱼苗下塘。判断轮虫高峰期，使鱼苗适时下塘。判断轮虫高峰期，使鱼苗适时下塘，是培育鱼苗的关键。一般可采用肉眼直接观察法，即用玻璃烧杯（或玻璃瓶）取池水对着阳光粗略计算小白点（轮虫数目），如果每毫升水中含有10个小白点，说明轮虫的高峰期已到。

（3）施肥和豆浆混合饲料法。优点是节省精饲料，充分利用天然饵料。具体措施是鱼苗下塘前每亩施有机肥300~400kg，也可辅施化肥10kg，培养轮虫等天然饵料，鱼苗入池后轮虫数量每升不足1万个，则每天每亩投喂豆浆2~3kg。10天后，每天每亩增投豆浆或豆饼糊2~4kg；另外，每3~5天，每亩追施有机肥150~200kg或化肥10kg，以培养天然饵料。

## 5. 饲养管理关键

（1）定期注水。搞好水质管理：鱼苗下水时，水深应在 50~70cm，浅水水温易升高，有机物易分解，浮游生物繁殖快，水体空间小，饵料利用率高，可加速鱼苗生长。下塘 7~10 天后，每隔 3~5 天加水 1 次，每次加水 10~15cm，一般加水 3~4 次，使池水深达到 1m 左右即可。注水的同时，配合施肥投饵搞好水质管理，保持池水"肥、活、嫩、爽"。

（2）早晚巡塘。观察鱼的活动情况和水色变化情况，以确定投饵与施肥量。如日出前有轻浮头，受惊后立即沉下去，说明池水肥度适中；若日出后仍浮头，必须加注新水，并减少或停止施肥，同时，观察是否有病鱼在池边缓游。对蛙卵、蝌蚪、杂草等要及时捞出。

（3）拉网锻炼。体长 2cm 时，由于草鱼苗在池边水底，故投喂豆浆外还要增放芜萍；体长接近 3cm 时，要经过 2 次拉网锻炼以增强体质。

（二）鱼种培育

## 1. 当年鱼种培育

在生产上一般采用草、鲢、鲤鱼混养，以充分利用水体和饲料，收到良好效果。以草鱼为主的池塘，混养 30% 左右的鲢鱼、10% 左右的鲤鱼。夏花草鱼下池后，正值 6~7 月，水温高，密度稀，是鱼种旺长时机，要抓住这一有利时机，投喂最佳适合饵料。体长 3cm 以上，投喂 15~20 天芜萍，每天每万尾投喂 20~40kg，不留夜食，7cm 以上，投喂小浮萍或轮叶黑藻 15~20 天，每天每万尾投喂 75~100kg，以白天吃完为宜；8cm 以上，投喂紫背浮萍 15~20 天，每天每万尾投喂 100~150kg，以白天吃完为宜；10cm 以上（立秋后）投喂苦草 40~50 天，每天每万尾投喂 150~200kg，限 5~8h 吃完；13~17cm（秋分后）投喂苦草和精饲料 80~90 天，每天每万尾投喂 75~150kg。如果群体间生长差异较大，应在立秋前拉网，将大小分开专塘培养，此时，水质稳定，发病季节已过，饲料应充足，促使鱼体肥满健壮，以备过冬。

### 2. 大规格鱼种培育

草鱼性成熟晚，1~2 年很难达到理想个体。一般 50g/尾的草鱼，饲养一年可达到 500g 左右，这种规格商品价值低，但生长速度却很快。如作为 2 龄鱼种再饲养一年，个体可达 1 500g 左右。2 龄鱼种可以专池培育，也可以池塘混养、成鱼池套养或网箱培育。专池培育草鱼 2 龄鱼种，一般 1 亩放 1 龄春片鱼种 1 000~1 500尾。饲养管理与 1 龄鱼种没多大区别。值得注意的是，2 龄草鱼易感染疾病，所以更要注意鱼池清塘、消毒。有条件的在放养前要注射灭活疫苗，投喂的青、鲜饲料一定要经过消毒，并严格管理水质，每半月全池泼洒 1 次生石灰或漂白粉。

## 三、成鱼养殖方法

### （一）池塘养殖

池塘养殖草鱼可以以草鱼为主混养其他鱼类，也可以其他鱼类为主混养草鱼。

### 1. 池塘条件

建设规范化、配套化鱼池涉及鱼池的规格及相关的配套条件。目前，成鱼池面积以 5~10 亩为宜。鱼池的形状一般以长方形，长、宽比为 5：3，成鱼池与鱼种池的面积 8：2 或 9：1。水源要充足。池底要平整不漏水，便于拉网操作。还要配备完备的排灌系统和增氧设施。放养前做好鱼池消毒工作。

### 2. 水质要求

池底要平整不漏水，便于拉网操作，还要配备完备的排灌系统和增氧设备。放养前做好鱼池消毒工作。用 2%~4% 的食盐水浸浴鱼体 5min，或用高锰酸钾 20mg/L（20℃），浸浴 20~

30min 或聚维酮碘 1% 浸浴 5min。

（二）鱼种放养

不论春放还是秋放，放养前都要做好消毒工作，高产池塘所放鱼种规格要大，且要多规格。目前，最好放养当年草鱼种 150g 左右，2 龄草鱼种 500g 以上。合理的放养密度根据池塘条件、技术水平、养殖鱼类的种类与规格、饵料供应情况和管理措施等方面来考虑确定。

（三）养殖模式

草鱼喜清水又多病，以草鱼为主的池塘，放养量不能超过 50%，可利用其粪便肥水混养鲢、鳙鱼成本低，效益高。举例如下：

主养草鱼净产 500kg 养殖模式：放养规格为 0.5~0.75kg 的草鱼种 65 尾，规格为 0.1~0.15kg 的草鱼种 90 尾，规格为 10g 的草鱼种 150 尾。混养规格为 50~100g 团头鲂 300 尾，10~15g 团头鲂 500 尾；规格为 100~120g 鲢鱼种 300 尾，鲢鱼夏花 400 尾；规格为 100~150g 的鳙鱼 100 尾，鳙鱼夏花 150 尾；规格 25~30g 的鲫鱼 500 尾，鲫鱼夏花 1 000 尾，规格 35g 鲤鱼种 30 尾。

此模式以投喂青草为主，春秋两季施有机肥并投喂精饲料。7~10 月轮补 3 次，将达到规格的鲢、鳙、草鱼种捕出上市。值得注意的是，因草鱼贪食，只要环境适宜，其食欲无节制。傍晚后仍在摄食的草鱼，入夜后其腹部仍保持很大的充塞量，此时池中溶氧量已降低，如遇到闷热天气或突然刮冷风，很容易出现浮头而造成死鱼。因此，夏季傍晚前不能大量投饵，投草量严格控制在傍晚前吃完为度。如果傍晚仍有大量食物，应提前开增氧机或加注新水，避免泛塘事故发生。

## 四、日常管理

一切养鱼的物质条件和技术措施，最后都要通过池塘的日常管理才能发挥作用。具体工作如下。

### （一）建立"塘头档案"

对每个鱼池的鱼种放养情况（包括放养日期、品种、尾数、规格、重量）每天投饵、施肥的数量，水温，开增氧机时间和使用时数，鱼病防治情况及成鱼收获情况（收获日期、尾数、规格等）都要详细记录，以便总结和积累经验，作为以后制订计划、改进技术的参考。每天早、中、晚各巡塘1次，仔细观察鱼的吃食活动情况和有无浮头，酷暑季节要加强半夜前后巡塘，如有缺氧预兆及时采取措施。

### （二）做好鱼池清洁工作

随时捞除水中污物及剩草，割除池边杂草。如发现死鱼，应捞出及时深埋，以免病原扩散。注意随时防治有害昆虫（如龙虱幼虫、红娘华等），捕打害鸟、水蛇等敌害，捕捞蛙卵，及时防治鱼病。

### （三）水质调节

水质的好坏，对鱼类的生活和生长及鱼病的发生有密切关系。要想养殖好鱼，必须保持池水"肥、活、嫩、爽"酸碱度适中，溶氧充足。水质的肥瘦主要看水色。"肥"水中有机物多、浮游生物量大。一般用透明度表示，测透明度的简易方法是把手放入水中，看不见手心时的深度代表透明度，适中的透明度为25~40cm；"活"即水色经常变化，这是浮游生物种群处于繁殖盛期的表现；"嫩"就是水色鲜嫩不老，易消化的浮游生物多，如蓝藻大量繁殖，水色呈灰蓝或蓝绿色，或浮游植物细胞老化，就会变成"老水"；"爽"就是水质清爽，水面无浮膜，浑浊度较小。调节池水肥瘦度的方法是合理施肥和及时加注新水。

若水色淡则要施肥，施肥后水色转浓再加水。池水透明度 40cm 以上时，要追施肥料，肥料要遵循"因塘因时制宜"和少量多次"的原则，以免发生缺氧浮头的现象。从鱼种放养至 6 月中旬，透明度控制在 20~30cm，保持藻类旺盛的活力。6 月下旬至 9 月的高温季节，应降低肥度，透明度控制在 30~40cm。9 月下旬后，需提高水的肥度，平时要随着鱼体生长结合水质调节，适时增加池塘水量。随着气温升高，逐渐加水至 2.5m，以增加鱼类的活动空间。另外，根据情况，每隔 10 天或半月加水 1 次，以补充蒸发消耗。发现水质恶化或鱼类有病，要及时换水或消毒。鱼类对 pH 值的适应范围为 7~8.5，要经常检测 pH 值，如果水质偏酸，及时用生石灰加以调节，每次每 1 亩用 20kg 化水，趁热全池泼洒。

（四）增氧机的使用

当溶氧量在 4~5.5mg/L 以上时，鱼的摄食强度大，饵料系数低，生长快。因此，要经常测定水中溶氧含量以确保鱼的正常生长。除每年清除塘底过多的淤泥外，可笑 氧机增氧。增氧机的装机量，一般每亩为 0.3~0.4kW。增氧机的使用可归纳为"三开"和"两不开"，即晴天中午开（1~2）小时，阴天清晨开（直到日出为止），浮头早开（有浮头预兆时，及早开机，否则，来不及抢救）傍晚不开，阴雨天白天不开。

# 第二节　鲤鱼养殖技术

鲤鱼养殖主要有建鲤、镜鲤和野鲤，而以建鲤最多。

## 一、养殖生物学特征

### （一）生活习性

鲤鱼是典型的底层鱼类，一般喜在水体下层活动，行动虽缓慢，但反应敏捷，游泳有力，较难捕捉。鲤鱼常在泥土中挖取食物，是池底与池埂形成许多洞穴，并使池水混浊。鲤鱼的适应性强，能在较恶劣的环境中生产。在水温 15~30℃ 范围内生长良好，溶氧量在 0.5mg/L 也不会窒息，比四大家鱼及罗非鱼更耐低氧。鲤鱼对盐度的适应力较强，可生活在盐度 17‰ 的水中。

（二）食性

鲤鱼杂食性鱼类，在育苗阶段主要吃浮游动物。成鱼的主要食物是螺蛳、蚬、幼蚌、摇蚊幼虫、水蚯蚓、小鱼虾及各种水草、草根、果实及植物腐屑等。人工饲养常投喂各种配合饲料。

（三）生长

鲤鱼生长速度较快，但不如草鱼和青鱼。在池养条件下，1 龄鱼通常 0.5kg 左右，2 龄鱼 1kg 以上，3 龄以后生长速度降低。

## 二、池塘养殖

（一）鱼池基本条件

注排水渠道分开，避免相互污染；池塘无渗漏，淤泥厚度小于 10cm；进水口加密网（40 目）过滤，避免野杂鱼和敌害生物进入鱼池。育苗池和鱼种池要求池底平坦、淤泥少；混养或主养鲤鱼的成鱼池要求地质较肥、底栖动物丰富、水面较大的池塘。一般而言鱼面池面积 1~3 亩，水深 0.8~1m；鱼种池面积 2~5 亩，水深 1~1.5m；成鱼池面积 3~5 亩，水深 1.5~2.5m。水源的水质良好、溶氧量较高，pH 值允许范围 6.5~8.5，最适范围 7~8。池水透明度一般掌握在 20~40cm，不含有毒物质，养殖用水符合 NY 5051—2002《无公害食品淡水养殖用水水质》标准要求。

（二）鱼苗培育

鱼苗池清整：鱼苗池每年均应及时整修，清除过多的淤泥，修补漏水处及护堤、护坡。将池底整平，清除杂草。冬季应将池水排干，经过长期冰冻日晒，减少病害。

### 1. 施基肥培育饵料生物

施基肥应在鱼苗入池前 5 ~ 7 天进行。清塘后，在鱼苗池内注水 50 ~ 60cm，在池角施有机肥培养鱼苗的适口天然食物（饵料生物）。施肥量一般为人类尿或畜类每亩 300 ~ 500kg，或绿肥每亩 200 ~ 400kg。为加速肥水，可施肥水，可兼施化肥，一般每亩施氨水 5 ~ 10kg，或施尿素、硫酸铵、硝酸铵等 4kg。施肥后使水质达到中等肥度，即透明度在 30cm 左右，不要过肥或清瘦。

育苗下塘前 3 ~ 4 天，每亩放 12 ~ 13cm 的鳙鱼 300 ~ 400 尾作为"食水鱼"，吃掉枝角类，延长轮虫高峰。当池水肥度适当，枝角类尚未出现时，不要放食水鳙鱼，以免其吃掉轮虫，对鱼苗不利。但放养鱼苗前必须将所有的食水鱼全部捕出来，以免其吞食鱼苗。放养水花前要用密网拉网 1 ~ 2 遍，去除池中可能存在的水生昆虫、野杂鱼、蝌蚪及蛙卵等敌害。

### 2. 鱼苗下塘前注意事项

适时下塘，当鱼苗孵出 4 ~ 5 天，鳔点出齐，卵黄囊基本消失时即可入池。过早下塘，鱼苗活动力弱、摄食能力差；过晚下塘，卵黄囊已吸收完，身体因营养缺乏而消瘦，成活率低。鱼苗入池前可在捆箱里喂些熟蛋黄，投喂量为每 20 万尾鱼苗喂一个熟蛋黄，喂后 2h 即可入池。入池时间宜在 9：00 ~ 10：00，此时水中溶氧上升，水温变化不大，鱼苗易于适应新的环境。鱼苗出孵化池、运输途中及入池暂养时，水温差不得超过 4℃，最好在 2℃ 以下。鱼苗入池地点，有风时应选择在上风头。每个池塘应放同批鱼苗，下塘时应准确计数。

注意天气预报，雷阵雨、暴风雨的天气不宜下塘。调节水质，若池水太肥，要加注新水调节；若水质过瘦，每天需投喂豆浆及适当追肥。

### 3. 鱼苗放养密度

一般每亩可放养鲤鱼苗 10 万～15 万尾，如技术水平高，鱼池条件好、鱼苗体质好、饵料和肥料充足，放养密度可适当高些，反之则适应低些。

### 4. 鱼苗饲养方法

有肥水饲养法、豆浆饲养法，施肥和豆浆混合饲养法等，具体见"草鱼"部分。

### (三) 育种培育

鲤鱼苗长到 3.3cm 左右（夏花），其食性开始转变，由摄食浮游动物为主转变为以底栖动物或商品饲料为主。这时可分塘饲养或搭配在其他鱼的鱼种塘中饲养成商品鱼。

鱼种池面积一般 3～5 亩，水深 1.5～2m。鱼种放养前鱼种池需清塘、消毒、整修、施基肥培育水质等，具体做法同鱼苗池。放养密度为 9～12 尾/m²。单养鲤鱼一般不混养其他鱼类。

饲养鲤鱼为主的池塘，由于鲤鱼食量较大，要充分投喂精饲料。因为鱼种还需摄食大型浮游动物和底栖动物等天热饵料，因此，水质要保持一定肥度，要根据水质情况适当追肥以繁殖浮游生物、底栖动物等活饵料。肥料以有机肥效果较好，一般每次每亩施绿肥 100～150kg，或施粪肥 15～20kg，每 7～10 天施 1 次肥。

1 龄鱼种的培育：即夏花鱼种经 3 个月左右的喂养殖，可长成 10cm 以上的幼鱼，即秋片鱼种，简称鱼种。培育可采用单养或混养方式，单养每亩放养 1 万尾左右；混养中以鲤鱼种为主的池塘，每亩可放养鲤鱼 6 000 万～7 000 万尾，占放养比例的 70%，鲢鳙鱼占 20%，草鱼、鲂鱼占 10%。在饲养鲢鳙鱼或草鱼为主的池塘中，可套养鲤鱼鱼种 20% 左右。1 龄鱼种池面积 3～4.5 亩，水深 1.5～2m。鱼种池的准备同鱼苗池。由于鲤鱼种规格已达到 3cm，食性开始转变，因此，在饲养中应采取精料和施肥相结合的方法。每天投喂 2 次，日投饵量为体重的 8% ~ 10%，并根据天气和鱼种摄食情况调整，投饵应投在离岸较近的地方，做到定时定点定量定质。应该注意适当施肥，使池中有一定量的浮游生物和底栖动物供鲤鱼种摄食。肥料以有机肥为好，一般每次每亩施绿肥 7 ~ 10kg，或施粪肥 10 ~ 13kg，每 7 ~ 10 天施 1 次肥。

秋季要加强培育，多喂一些精料，增强鱼种的体质。秋末冬初，当水温降到 10℃ 以下时，鱼停食或很少吃食，为了便于管理，要进行并塘，将鱼种养殖在较深、较肥的池塘里越冬。越冬池面积 2 ~ 10 亩，水深 1.5 ~ 2m。每亩可放 10 ~ 15cm 鱼种 1 000 ~ 1 330万尾，或 17 ~ 20cm 的鱼种 667 ~ 1 000尾。在北方地区，冬季气温低，冰封期长，要做好越冬期管理，结冰期间及时扫除冰上积雪，定期测定溶氧，防止缺氧。每星期可投喂 1 次。

（四）成鱼养殖

鲤鱼适合池塘、网箱、网栏、流水等多钟养殖方式，即可单养，也可混养、套养。主要模式如下。

1. 池塘主养当年鱼种养殖成鱼

鱼池面积 3 ~ 15 亩为宜，水深 1.7 ~ 2.5m。电源要充足，水质要好。放养鱼种前要清塘消毒。鱼种一般在冬天或早春放养，主养鲤鱼的池塘，鲤鱼放养比例可占 70% ~ 80%，搭配 20% ~ 30% 的鲢、鳙鱼，一般放养 1 龄鱼种，鱼种规格 50g 左右或更大一些。每亩放养鲤鱼种 1 500 ~ 3 000尾，另搭配 20% 左右的鲢、鳙鱼；或套养规格为 50 ~ 100g/尾的花白鲢鱼种（花白鲢比例为白鲢：花鲢 =4：1）27 ~ 33 尾，再套养规模为 10 ~ 15g/尾的草鱼鱼种 7 ~ 10 尾，规模为 25 ~ 50g/尾鲫鱼鱼种 13 ~ 20 尾或鲫鱼夏花 40 ~ 67 尾。主养鲤鱼的池塘，应以投饵为主，辅以施肥。饵料种类很多，传统养殖方式投喂各种植物性和动物性饲料。近年来，多以投喂配合饲料为主。配合饲料应符合《鲤鱼配合饲料营养标准》SC/T 1026—1998 要求。颗粒饲料主要成分含量如下：粗蛋白 27% ~35%，粗脂肪 4% ~10%，粗纤维≤10%，粗灰分≤12%，赖氨酸≥1.5%，含硫氨基酸≥0.8%，总磷≥0.9%，总能≥14.7MJ/kg。

每日投饵 4 ~6 次，投饵量随着季节和鱼体大小而定，一般日投饵量为鱼体重的 3% ~5%，7 ~9 月，鱼的投饵量大，投饵量可增加到 5% ~10%。

**2. 鱼种池套养**

在家鱼鱼种池中套养鲤鱼夏花鱼种，一般每亩放养 60 ~100 尾，可长到上市规格。混养鲤鱼池塘不用专为鲤鱼投喂饲料，投喂其他鱼类的饲料，鲤鱼也可以吃到。家鱼夏花鱼种放养密度一般每亩放养 0.6 万 ~1 万尾，规格 2cm 以上。鱼种池的饲养管理按常规进行。

**3. 成鱼池套养**

主养鲢、鳙、草鱼成鱼的池中，每亩水面可混养鲤鱼 50 ~100 尾，利用其杂食性，可吃掉水中残饵及有机碎屑，不增加劳力，不增加肥料、饲料，不影响其他养殖鱼类生长，可增产鲤鱼约 750kg。

# 第三节 罗非鱼养殖技术

## 一、罗非鱼概述

罗非鱼属于温水性鱼类，原产于非洲大陆及中东地区，在淡水和半咸环境中均能生活。现在罗非鱼共有 60 多个品种，包括亚种在内达百余种，养殖品种有 18 种。我国先后引进 6 种，并通过杂交选育培养出如福寿鱼、奥尼鱼等性状优良的杂交品种，取得了很好的经济效益。

## 二、罗非鱼主要养殖品种的生活习性

尼罗罗非鱼和奥里亚罗非鱼的主要区别为：前者体表被圆鳞，尾鳍终生有明显的垂直黑色条纹 8 条以上；后者体被栉鳞片，尾鳍上有紫色不垂直的点状条纹。目前，我国养殖的主要品种还是尼罗罗非鱼及其杂交后代，奥利亚罗非鱼更多用作杂交亲鱼。其他引进品种还是尼罗罗非鱼及其杂交后代，奥里亚罗非鱼更多用作杂交亲鱼。其他引进品种如莫桑比克罗非鱼、安氏罗非鱼、齐氏罗非鱼、伽利略罗非鱼已很少见。所以，以下介绍均以尼罗罗非鱼为主。

（一）对水温的适应能力

罗非鱼属热带鱼类，其生存温度为 15～35℃。当水温低于15℃时，罗非鱼潜于水底，不摄食，不活动。所以，生产上，当自然水温降至临近 15℃之前，应及时出池或移入温棚暂养。据测定，罗非鱼的最适合生长温度为 28～32℃，最高临界温度为40～41℃，最低临界温度在 8℃左右，致死温度在 4℃上下。

（二）对盐度的适应能力

罗非鱼属于广盐性鱼类，能适应较大幅度盐度变化，可以从淡水中直接移入盐度为 15‰的海水中正常生活，反之也可以。若从某低盐度（15‰以下）开始，逐步升高水环境盐度，经短期驯化，最后能在 30‰的海水中正常生长，在 40‰的盐度下仍可生存。

（三）对水中溶氧的适应能力

罗非鱼可耐低氧，其窒息点为 0.07～0.23mg/L。实验证明，在水温 22～25℃时，0.7mg/L 的溶氧，罗非鱼仅表现出轻微的浮头，但仍能摄食，低于 0.1mg/L 时才窒息；当水中溶氧为1.6mg/L 时，罗非鱼仍能生活和繁殖，但长期处于如此低的溶氧环境中，其生长和摄食均受到较大的抑制。所以，生产上应控制溶氧在 3mg/L 以上为宜。

（四）活动规律

在鱼苗阶段，一旦脱离母体保护，喜群集于池边活动与觅食，此时，常以小抄网捞苗。随着个体长大，游泳能力增强，逐渐分散于池中。成鱼遇到敌害或拉网时，先是跳跃，尔后潜入水底的软泥或"窝"中，静止不动，不易捕捞。罗非鱼性情暴躁，喜欢殴斗，也有互相残食的习性，尤其在鱼苗期间，大苗吞食小苗的现象比较严重。因此，罗非鱼宜于分规格饲养，不宜大小苗混合饲养。罗非鱼还有明显的昼夜垂直活动规律。一般认为，罗非鱼主要营底栖生活，但是，受池塘水温的变化影响，在黎明时，随表层水温的升高而成群游向中上层，中午在上层可见鱼群活动。经过摄食训练的罗非鱼，一见鱼饵，即集群跳跃抢食，一旦受惊，即游入水底。傍晚前后，随着上层水温下降，鱼群主要集中于中下层；夜间至次日天亮前，常静卧水底，极少游动。

（五）抗逆能力

罗非鱼抗寒能力差，而对其他环境条件的抵抗能力都很强。1974 年，孙其升先生曾在严重污染的小湖中，同时放入鲢鱼、草鱼、鲤鱼、罗非鱼，结果鲢鱼在 2min、草鱼在 5min、鲤鱼在 30min 均死亡，而罗非鱼存活了 7 天。罗非鱼对农药的耐受力也较强。同时，罗非鱼对水质酸碱度 pH 值适应范围较广，在 pH 值 4.5~10 的水体中，都能正常生长。

（六）食性和生长规律

在幼鱼期，罗非鱼几乎全以浮游动物为食，随着个体长大，逐渐转为杂食性。在天然水域，其饵料完全取决于水中生物饵料的种类和数量，通常以浮游动植物为主，底栖生物、水生昆虫及其幼虫，甚至小鱼、小虾也是常被摄取的对象，有时还吃些水草。在人工喂养条件下，罗非鱼还能摄食各类麸糠饼籽渣糟等农副产品及其他鱼类饲料。在生产中，可根据上述特点采取投饵与施肥相结合的方法，能获得很好的经济效益。在一般饲养条件下，罗非鱼夏花鱼种饲养 3～4 个月，平均个体可达 150g 左右；越冬春片鱼种饲养 4～5 个月，平均体重可达 250g 以上，雄鱼能达到 400g 以上。罗非鱼的雌雄鱼生长差异很大，雌鱼由于频繁地产卵和孵化影响了生长。如果只饲养雄性鱼，可以增产 30%以上。

### 三、罗非鱼鱼苗（种）培育

养殖用的罗非鱼鱼种必须够自恃有国家发放的良种生产许可证的各级罗非鱼原（良）种场生产的苗种。鱼苗质量要求：体色鲜亮，体表有光泽，体质健壮，游泳活泼，个体离水蹦跳有力；肉眼观察，95%以上的鱼苗卵黄囊基本消失，鳔充气，主动摄食行自营生活，亲鱼停止护幼行为；大小一致，规格整齐，同一规格的鱼苗合格率不低于 90%；伤残率低于 2‰，畸形率低于 2‰。放养鱼种的质量应符合下列要求：鱼种体表光滑有黏液，体色鲜亮，具有与成鱼相似的斑纹；体形正常，鳍条和鳞被完整无损；规格整齐，大小一致，同一规格的鱼种合格率不低于 90%，伤残率和畸形率均低于 2‰。如果是越冬鱼种，随机抽样检查，肝、胆、脾、胰脏等器官大小正常，颜色鲜艳，并经检疫不得有危害性大和严重传染的疾病。鱼种鱼苗、鱼种下塘前 5～7 天，每亩向池塘施绿肥 400～450kg，或施粪肥 200～270kg。有机肥应该彻底发酵腐熟，并用 1%～2% 的生石灰消毒。施肥 2～3 天后，将鱼种池水加深至 0.5m，当水温回升并稳定在 18℃以上时，即为鱼种（苗）适宜的投放时间，投放鱼苗的规格为全长 1～1.5cm，投放密度在 75～100 尾/m²。投放苗种的规格、密度见表 4－1。

表 4 – 1 鱼种（苗）投放的规格与密度

| 鱼种类别 | 投放规格（全长）（cm） | 主养（搭草鱼、鲢、鳙、鳊等）密度（尾/m²） | 单养密度（尾/m²） |
|---|---|---|---|
| 越冬鱼种 | 6～10 | 0.6～0.7（轮捕） | 2～3 或 4（轮捕） |
| 夏花鱼种 | 4～5 | 0.7～0.8（轮捕） | 4～5 |
| 鱼苗 | 1.5～2 | | 6～7.5 |

鱼苗入池后，每 5 天为一个培育阶段。第一阶段喂豆浆，每万尾鱼每日喂 0.1～0.2kg 黄豆制成的豆浆；第二阶段起，改喂配合饲料，每万尾每天喂 0.25～0.3kg 黄豆制成的豆浆；以后每个阶段增加投喂量，每次在上一阶段的基础上增加 20%～25%。培育期间，每 5～7 天注（换）水 1 次，使池水在最后阶段达到 1～1.5m。

### 四、罗非鱼的养殖

罗非鱼的养殖方式有池塘养殖、网箱养殖、流水养殖、稻田养殖和海水养殖 5 种。

#### （一）池塘养殖

罗非鱼的池塘养殖技术与四大家鱼的养殖技术差异不大，生产上可以照常进行。目前，在我国具备罗非鱼越冬条件或其苗种供应方便的地方，开展以罗非鱼为主体的池塘养殖方式，能发挥罗非鱼的群体增产潜力。在以四大家鱼为主的池塘中，只要水温能恒定在 18℃ 以上，罗非鱼也可以作为搭配品种。罗非鱼饲料的投喂以配合饲料为主，日投饲率为鱼体体重的 5%～7%，每投喂 4～5 次；每 15～20 天（高温季节 10～15 天）注（换）水 1 次，使水位保持在 2m 以上；每亩配备 2～3kW 增氧机 1 台，每天午后及清晨各开机 1 次，每次 2～3h，高温季节，每次还应增加 1～2h。当水温下降至 15℃ 时，罗非鱼应起捕完。

（二）流水养殖

罗非鱼目前主要进行流水高密度养殖或工厂化养殖，特别是温流水养殖，可利用工厂余热、地下温泉，有效节能资源，做到群体同步繁殖，全年繁殖苗钟，或全年养殖罗非成鱼，温水养殖应注意以下几个方面：

（1）养殖池不宜过大。一般成鱼养殖，以 30 ~ 50m³ 为宜，但水源必须自流，如建一个 50m³ 的流水池，水深以 1m 计，每小时流量必须保证达到 100m³，才能获得高产。

（2）水池中温流水的温度必须保证在适温范围内，最好在 28℃ 左右。

（3）放养密度依流量而定。流量大，溶氧高，可多放。一般池水溶氧能维持在 3mg/L 以上即可。

（4）由于罗非鱼生长迅速，大小分化明显，应进行分级明显饲养。每 15 ~ 30 天分级 1 次，调整密度与规格，才能使罗非鱼达到最好的生长条件。

（5）集约化养殖，需要投喂营养全面的配合饲料，饲料蛋白质水平应以 30% 为宜。日投喂量应为体重的 2.5% ~ 3%，每日投喂 5 ~ 6 次，每次投喂时间 30min 以上。

（三）雄性化养殖技术

雄性罗非鱼后期生长明显快于雌性。如 12 月龄的罗非鱼雌性个体 150g 时，雄鱼可达到 350g，因此，进行罗非鱼的雄性化养殖，养殖效果明显。根据颁布的水产品无公害生产禁用药物，用性激素诱导罗非鱼的性别转化的方法已经不能使用。在生产上只能挑选雄鱼进行养殖，一般在体长 6cm 时，用肉眼就能鉴别雌、雄鱼，不清楚时可辅以放大镜鉴别。

（四）越冬管理

罗非鱼可在玻璃温房或在塑料大棚内进行室内加温越冬，也可利用热源进行室外流水保温越冬。越冬池应为砖砌水泥结构，位置靠近水源，避风向阳，池形以圆形或椭圆形为好，面积以 $10 \sim 15m^2$ 为宜，池深 $1.5m$；室外越冬面积以 $100 \sim 200m^2$ 为宜，水深 $1.5 \sim 2m$。在鱼入池前，应彻底清理池底污物，并用 $30mg/L$ 漂白粉泼洒池壁和池底进行消毒处理。越冬鱼入池时间应在秋末水温降至 $18℃$ 之前，当室外水温回升并稳定在 $18℃$ 之后，方可出池。越冬鱼应选择体质健壮、体形匀称、无伤无病无畸形的饱满个体。越冬亲鱼的规格以体重 $0.2 \sim 0.5kg/$尾为宜，每立方米水体放亲鱼 $7 \sim 8kg$，雌雄鱼比例为 $4:1 \sim 5:1$，越冬鱼种按全长 $3 \sim 5cm$，$6 \sim 10cm$ 两种规格分类，每立方米水体放鱼种 $5 \sim 8kg$。越冬鱼水温保持在 $18 \sim 22℃$，换水温差不得超过 $\pm2℃$，每天排污 1 次，每隔 $3 \sim 5$ 天清洗鱼池 1 次，池水溶氧应在 $3mg/L$ 以上。越冬鱼入池前的消毒处理可用 $2\% \sim 4\%$ 的食盐浸浴 $5min$，或用 $20mg/L$（$20℃$）的高锰酸钾浸浴 $20 \sim 30min$，或用 $1\%$ 的聚维酮碘浸浴 $5min$。越冬鱼应投喂配合颗粒饲料，日投饲率为鱼体重的 $0.5\% \sim 0.8\%$，出池前一个月，投饲率可增加 $1\%$，投饲次数为每日 2 次。

## 第四节　中华鳖养殖技术

### 一、养殖概况

鳖是一种名贵的经济价值较高的水产动物，以其肉味鲜美、营养丰富及较高的药用价值而成为人们喜食的滋补佳品。我国的养鳖业始于 20 世纪 70 年代，初期基本是小规模常温池塘养殖。80 年代后期，随着日本工厂化养鳖技术的传入。推动了我国养鳖业的迅速发展。到 2002 年，全国养鳖产量达到 12 万 t，产值约 50 亿元。

鳖的分布很广，适应性强，养殖过程中用水量较常规养鱼用水少，产品市场前景看好，且目前工养殖技术已基本成熟。苗种和饲料生产基本可以满足养殖的需要。鳖的养殖可以采取多种方式，可单养、混养；可室外池塘生态养殖，也可以采用工厂化养殖方式。规模可大可小，甚至可以庭院养殖。因此，中华鳖人工养殖市场前景看好，各地可根据自身的条件采取不同的养殖方式、养殖规模开展养殖。

**二、质量鉴定标准**

（一）质量鉴定依据

鳖质量鉴定分为外观鉴定（形态鉴定）、内部解剖鉴定、内在品质鉴定（营养分析或生化分析）及安全卫生指标鉴定等。

1. 外观鉴定和依据

一般依据体色、体形、裙边等几个方面。

2. 内部解剖鉴定和依据

各内脏器官如胃、肠、肝脏、胆囊、生殖腺等位置、形态、色泽是否正常，大小是否适宜，有无病变、腹水、有无特殊气味，有无穿孔或破裂等；肌肉、血液、脂肪等颜色是否正常。

3. 安全卫生指标鉴定和依据

我国已经制定了中华鳖的无公害标准。主要检测鳖体中的重金属含量、农药残留量、抗生素药物残留量等是否超出国家标准。包括汞、砷、铅、镉、多氯联苯、六六六、滴滴涕、土霉素、氯霉素、四环素、呋喃唑酮、磺胺类、己烯雌酚等含量。

（二）优质鳖的选择标准

1. 种质或种源特征优良

表现为生长快，体色好，裙边宽肥，抗病力强，变异或退化性小。无花斑鳖优于有花斑鳖，原种产于黄河水系的无花斑鳖优于长江及以南水系的中化鳖；而台湾鳖、崇明鳖和太湖鳖等有花斑的鳖最差，体重变异系数也大。另外，在北方，背甲黄绿乃至金黄，腹板淡黄的鳖生长速度快，裙边宽大，抗病力强。在市场上价格也最高。

**2. 外形特征优良**

符合无公害标准，身体扁平，体厚与体宽之比应小于 0.3，裙边宽大、肥厚、平展，裙边系数（裙边重占整体重的比例）在 0.035 以上。

**3. 运动能力强**

体质健壮，行动活泼、敏捷者为优；将鳖背部朝下放置，能迅速翻转身体的为优；头、颈和四肢伸缩有力的为优；否则为次品鳖。

**4. 内部解剖特征优良**

内部器官位置、形态、大小、色泽正常，无病变、无腹水。肌肉红润，血液鲜红的为优；胴体系数在 0.78 以上（去除内脏后的部分占整体重的比例），即内脏比例小，产肉率较高的为优；脂肪亮黄色或乳白色的为优；脂肪系数在 0.06 左右（脂肪块占整体重的比例）为优。

**5. 体重大小适宜**

个体越大，出肉率越高。中华鳖的商品重量应以 0.75～1kg 的为最佳，太大或太小都不适宜。

**6. 符合国家有关安全卫生标准**

养殖场地要远离污染源，避开废水、废气、废渣、农药和化肥污染；加强鳖池的水质管理，减少鳖病发生。尽量不用、少用或科学使用抗生素类药物和消毒药物防病治病，防止药物残留与抗药性的产生；提倡投喂全价优质鳖饲料，谨防投喂含有有毒成分的假冒、伪劣饲料；一般不投喂来源不明的或变质的小杂鱼、动物内脏或下脚料等鲜活饲料，避免或减少疾病的发生。

### 三、生物学特征

#### 1. 生活习性

鳖虽然是爬行动物，但仍以水中生活为主，特别喜欢栖息在河流、湖泊、池塘等水域中。在无人的情况下，会浮出水面呼吸，一般每 3~5min 1 次。呼吸的频率随水温的升降而增减，完全不进行空气呼吸时在水中能生存 6h 以上。鳖喜欢栖息于水陆连接的安静、清新、阳光充足的滩地。当天气晴朗时，爬上岸滩晒太阳，通常每天晒背 2~3h，晒背可以杀死附着于体表的寄生物和其他病原体，促进骨骼生长，增强机体免疫力。人工养殖时需为鳖提供晒背设施等。

鳖对环境温度的变化极为敏感。在天然环境条件下，适于鳖摄食的温度为 20~35℃，最适温度为 27~33℃；在人工控温的养殖中，最佳饲养水温为 30℃。当水温降至 20℃ 以下时，其食欲与活动逐步减弱，15℃ 左右停食，当水温降到 12℃ 左右时，鳖钻入泥沙中冬眠。冬眠时，鳖的鼻孔露在泥沙表面，不吃也不动，看上去完全处于静止状态。此时的新陈代谢非常微弱，完全依靠体内脂肪的转化来维持生命。一般经过 5~6 个月冬眠，体重会减轻 10%~15%。冬眠期间几乎不用肺呼吸，基本上靠皮肤等辅助呼吸器官呼吸。鳖的冬眠习性可以通过人工控温改变，早春水温达到 15℃ 以上开始复苏，20℃ 以上开始摄食活动，当水温超过 35℃ 时，鳖的活动和摄食亦会明显减弱。

鳖的胆子小，喜欢清静。在嘈杂的环境中表现不安和烦躁。对震动也比较敏感，一般人工养殖场的选择要考虑到鳖这一特性。鳖好斗，喜欢相互攻击，撕咬、蚕食同类。一般在食物缺乏或发情期或养殖密度过大时，撕咬和攻击现象会加重。人工养殖应采取适当措施控制鳖的争斗。

## 2. 食性

以动物性饲料为主。在自然条件下，稚幼鳖阶段主要食水生昆虫、水蚯蚓等，成体主要摄食鱼、虾、蟹、蛙、螺类等动物，也少量摄食一些水草、蔬菜等。在食物缺乏时，也食腐败的动物尸体，人工养殖以食配合饲料为主。鳖的耐饥饿的能力很强，在食物缺乏时，相当长时间不会死亡，但会停止生长，甚至减轻体重。

## 3. 年龄与生长

在自然条件下，鳖的生长速度很慢。在我国的南方，鳖体重达500g左右需要2～3年，北方需要4～6年。在人工控温饲养条件下，12～16个月体重可达到500g以上。

鳖的生长速度与发育阶段和性别有关。一般来讲，鳖在性成熟之前生长速度快。尤其是在250～400g生长速度最快。性成熟以后生长速度减慢。在未达到性成熟之前，雌鳖的生长速度快于雄鳖；性成熟以后，雄鳖的生长速度远远大于雌鳖。

## 4. 生殖习性

鳖为雌雄异体，卵生。在自然条件下，我国大部分地区鳖的性成熟年龄为4～5龄。性成熟的最小个体在0.5kg左右。在人工饲养的情况下，性成熟年龄大大缩短，一般12～16个月可达性成熟，最小的性成熟个体可达0.4kg。

鳖的产卵繁殖有明显的周期性，一般在春季繁殖产卵，在人为控制下，也可以在非春季产卵。一般当春天水温达到20℃左右时，开始发情交配，交配一般在傍晚。繁殖期一般在5月下旬至8月上旬。为多次产卵6～7月为产卵高峰期。产卵一般在天亮前，产卵时雌鳖爬上岸，寻找产卵场所，一般泥沙岸可做产卵场。雌鳖在产卵场挖洞穴，然后将卵产下，产完后将其埋好，然后返回水中。产卵的次数及卵径，均与气候条件、亲鳖个体的大小、饲料的丰歉等有密切的关系。自然条件下，我国南方一般可产4～5次，北方2～3次，每次产卵几个到数十几个不等，卵径1.5～2cm，重量3～5g，最大个体可达8g。在人工饲养条件下，在北方也可产4～5次卵。

### 四、养鳖场的设计与建造

#### （一）场地的选择

根据鳖的生态习性、生产方式、生产规模以及无公害生产对环境的要求来决定。

##### 1. 环境

养鳖场一般选择在环境安静、水源充足、进排水方便、阳光充足且背风的地方。应尽量回避在交通干线、行人车辆来往频繁，特别是噪音很大的工厂附近。

##### 2. 水源

养鳖场应选择在水源有充足保障的地方。一般可选用无污染的地下水、地表水。地下水主要是井水和地热水。地下水全年温度较稳定、透明度高，但多数地下水溶氧含量较低，一般不能直接使用，须经过暴气增氧后使用。地热水是养鳖最理想的水源，但一般含硫化物超标，要进行处理；地表水有河流、湖泊、水库水，溶氧丰富，水生植物也较多，在无污染的情况下，均可使用。

##### 3. 土质条件

养鳖池要求保水能力比较强。一般选择黏土或壤土。沙土保水能力差，需经过特殊的防渗处理后，也可以使用，但会加大建设成本。

#### （二）养鳖场的总体布局

鳖的生长发育可分为几个不同的阶段，各个阶段对生态环境有不同的要求。在人工饲养时，需将不同发育时期和不同规格的鳖分池饲养。因此，需分别建造稚鳖池、幼鳖池、成鳖池和亲鳖池。

不同生产方式、不同生产规模的养殖场，总体布局及各级养殖池在总池塘面积中设计的比例也不同。各地按自己的具体条件进行规划布局，这里仅介绍一些通用的基本概念和参数，供规划设计时参考。

1. 养鳖生产中常用的几个概念

（1）稚鳖饲养：在人工饲养条件下，稚鳖由 5g/只生长到 50g/只的过程。

（2）幼鳖饲养．在人工饲养条件下，鳖从 50g/只生长到大于 200g/只的过程。

（3）商品鳖的饲养．在人工饲养条件下，鳖从 200g/只生长到大于 400g/只，可以进行商业利用的过程。

（4）亲鳖：用来繁殖后代的性成熟的鳖，一般规格在 2~3kg。

（5）后备亲鳖：经过人工选择，用来培育成亲鳖的幼鳖或成鳖，一般规格 200g 以上。

2. 放养密度

亲鳖 1 只/m²（规格 2kg/只左右的）；后备亲鳖规格 200~500g/只，放养密度 5 只/m²；商品鳖 3~5 只/m²；幼鳖 10~15 只/m²；稚鳖 30~60 只/m²。

3. 主要技术参数

亲鳖成活率 96%，一般体重 1kg/只以上的亲鳖平均每年产卵 30~60 枚；商品鳖饲养成活率 90%，幼鳖饲养成活率 90%，稚鳖饲养成活率 85%。鳖卵受精率不低于 85%，孵化率不低于 90%。

河北省目前主要为集约化控温养殖。放养量为按亲鳖 1 只/m²，雌雄比例为 4∶1~5∶1，按每只亲鳖年产卵 30 枚计，受精率、孵化率为 90%，稚鳖至商品鳖的成活率为 85% 计；商品鳖放养量 3~5 只/m², 养殖水面的布局是亲鳖池: 幼鳖池: 商品鳖池为 1 : 1.4 : 4.4。

比较大型的养鳖场可以考虑建设亲鳖池、稚鳖池、幼鳖池和商品鳖池。另外, 还需建设孵化用房、库房、完整的进排水系统等。规模较小的养鳖场, 只需建稚、幼鳖和商品鳖养殖池即可。但进排水系统要完全。

(三) 鳖池的设计与建造

1. 鳖池类型和规格

鳖池有露天池、保温池和控温池三类。按养殖过程分稚鳖池、幼鳖池、商品或成品鳖池、亲鳖池四类。各类型鳖池均为长方形东西走向, 其规格, 见表 4-2。

表 4-2  各类型鳖池的规格

| 鳖池类型 | | 面积 (m) | 池深 (m) | 水深 (m) | 池底结构 | 池底泥沙厚度 (m) | 池边与围墙距离 (m) |
|---|---|---|---|---|---|---|---|
| 稚鳖池 | 露天池 | 50~100 | 1~1.5 | 0.8~1.2 | 三合土铺底 | 5~10 | 0.5~1 |
| | 保温池 | 20~30 | 0.8~1 | 0.3~0.5 | 水泥 | 0 | 0.3~0.5 |
| | 控温池 | 20~30 | 0.8~1 | 0.3~0.5 | 水泥 | 0 | 0.3~0.5 |
| 幼鳖池 | 露天池 | 500~1 000 | 1.5~2 | 1~1.5 | 含沙泥土 | 5~10 | 0.5~1 |
| | 保温池 | 100~200 | 0.8~1 | 0.6~0.8 | 水泥 | 0 | 0.5~0.8 |
| | 控温池 | 80~100 | 0.8~1 | 0.6~0.8 | 水泥 | 0 | 0.5~0.8 |
| 商品鳖 | 露天池 | 500~3 000 | 2~2.5 | 1.5~2 | 含沙泥土 | 10~15 | 1~1.5 |
| | 保温池 | 300~500 | 1.2~1.5 | 1~1.3 | 水泥 | 0 | 0.5~1 |
| | 控温池 | 100~300 | 1.2~1.5 | 1~1.3 | 水泥 | 0 | 0.5~1 |
| 亲鳖池 | 露天池 | 500~3 000 | 2~2.5 | 1.5~2 | 含沙泥土 | 10~15 | 1.5~2 |
| | 保温池 | 300~500 | 1.2~1.5 | 1~1.3 | 水泥 | 0 | 1.5~2 |

2. 防逃设施

露天池用砖在池周砌成 50cm 高的围墙, 水泥抹面, 墙顶向内伸檐 8~10cm，以防鳖逃跑。也可采用塑料板或 3~4cm 厚的水泥板替代砖墙。保温池和控温池可直接在保温墙上向内伸檐 10~15cm 防逃。

3. 进排水设施

每池设进排水口各 1 个，进水口要高于水面，排水口要低于池底。池底部向排水处倾斜，坡度为 11°。进排水口应设有防逃网。

4. 饲料台

饲料台用长 1~3m，宽 40~60cm 的水泥预制板搭建，一端淹没在水下 10~20cm，另一端 20~50cm 露出水面，或水平设在水面下 10cm 处。饲料台也可用石棉瓦等其他材料搭建。

5. 充气增氧设施

鳖虽然以呼吸空气为主，但对水中溶氧也有一定要求，一方面是鳖可直接利用水中溶氧进行辅助呼吸；另一方面充足的溶氧可加速水中的物质循环，使水中氨、硫化氢、甲烷等有害气体曝气氧化或从水中逸出。增氧还会使水体上下对流，使水体水温均匀，为鳖生长创造良好的生态条件。尤其在高密度人工养殖环境下，增氧设施是必不可少的基础条件。增氧方式有 3 种方式：生物增氧、化学增氧和物理增氧。目前最常用的方法是物理增氧法，即直接向水体中充空气以增加水中溶氧。目前，应用的充气加压设备主要有罗茨鼓风机和空气压缩机。

6. 其他辅助设施

为了便于管理，温室内应安装照明设施。因温室内空气湿度较大，照明线路和照明灯具应进行防水处理，采用防水灯口，以免发生危险。另外，在经常停电的地区，养殖场还应配备发电设备，防止长期停电影响日常管理工作而导致损失。

## 五、稚幼鳖饲养

（一）常温养殖

在自然条件下，或在秋后及开春水温下降、上升阶段设置塑料棚等，利用太阳能室提高温度，以延长鳖的吃食时段进行稚鳖养殖。

1. **稚鳖常温养殖**

稚鳖养殖阶段是人工饲养关键一环。刚孵出的稚鳖，身体各部分功能尚不健全，表皮柔嫩，由于生性好斗，容易互伤，也易被真菌等病原体侵袭。这时体格幼弱，对环境适应能力不强，抵抗疾病能力差；易被老鼠、蛇、食肉性水生动物、鸟类、猫、狗等伤害，必须精心管理，加强饲喂，促进生长，防止疾病发生，以便安全越冬。

（1）放养前的准备。饲养稚鳖一般在室内比较好。新建的水泥池要以清水充分浸泡冲洗，在 pH 值达到 7 左右时开始培植浮游藻类，经试水后再放入稚鳖。进水后放养约占池面 1/5 的水生植物，如水葫芦、水花生等，既能遮阳供稚鳖躲藏和晒背用，又能改良水质提供青绿饲料。这些水生植物需要先经漂白粉 5 ~ 10mg/L 或高锰酸钾 100mg/L（水温 20℃）消毒后才放入稚鳖池。池底可用砖瓦等搭建部分鳖巢。

（2）稚鳖放养。放养前的稚鳖要用高锰酸钾 20mg/L 浸泡 20min，同时，筛去残次病稚鳖。一般以单养方式饲养，通常放养 30 ~ 60 只/m²，也可根据条件适当增减。放养时水温温差不能过大。一般温差不得大于 4℃，同一池中稚鳖规格应一致。

（3）稚鳖饲喂与管理。稚鳖的饲料有：活饵料（如"红虫"、摇蚊幼虫、小糠虾、蝇蛆和蚯蚓等）、商品稚鳖粉状饲料和颗饲料。饲养初期可投喂"红虫"，让稚鳖自由摄食；饲养规模大时，一般投喂商品稚鳖饲料，投喂坚持"四定"原则，投在饲料台水陆交界处，每天投喂量以存池稚鳖体重总量的10%左右为宜，但要根据水温、天气、吃食量的情况而增减，每次投喂总体重的5%~9%，以2h左右吃完为宜。日常管理主要是保持水质良好，定期消毒防病及防止敌害侵入。

（4）稚鳖的越冬。稚鳖个体小，营养贮存有限，耐寒性、抵抗恶劣环境的能力远不及幼鳖和成鳖，越冬休眠期间潜伏场所恶化和温度过低，都会造成稚鳖死亡。因此，必须做好越冬管理，提高越冬成活率。主要有以下几方面：入秋后稚鳖停食前，进行大小分养。结合池塘清整，加强饲料投喂，饲料中适当增加脂肪含量，以增加体内脂肪；利用阳光温室或简易增温设施，延长稚鳖摄食生长时期。稚鳖一般在室内越冬为宜。

2. 幼鳖常温养殖

（1）放养前的准备。主要包括饲养池的清整消毒以及幼鳖的选择。修理进排水道，架设投喂食台，加固防逃设施；除去过多污泥，池底经充分晒干后用生石灰或漂白粉消毒清塘；再放水培肥水质，透明度在30~40cm。

幼鳖要经挑选，如果鳖源是外购的，挑选方法参考亲鳖选择中相关的方法，选择健康活泼的幼鳖时行饲养。放养前鳖体要消毒，鳖池、水生植物、鳖体消毒参照亲鳖培养中相关内容进行。

（2）幼鳖放养：稚鳖越冬到翌年3月下旬至4月上旬，应转入幼鳖池进入幼鳖养殖阶段。将相同规格的鳖放同一池，不同规格鳖则分池饲养。通常将10~20g鳖直接放养到幼鳖池，放养量为15~20只/m²；将10g以下的鳖放养到稚鳖池，放养量为30只/m²左右。放养密度可按条件不同而增减。经强化培育，到7月左右，当年稚鳖孵出之前再转入幼鳖池。分养过程中注意温差不能过大，避免互相抓咬受伤。

（3）幼鳖的饲养管理：饵料投喂按"四定"原则进行。每个幼鳖池设专用饵料台1~2个，固定在离地1~2m处，不宜投喂在池坡上。每次投喂前要清除残饵，并随时调整投喂量。投喂量以控制在 2h 内吃完为宜。定期用石灰乳进行池塘和食台消毒，气温低时每月 1 次，高温季节 15 ~ 20 天 1 次。投喂量采用"两头轻、中间重"的方法，即水温较低的初春，每天日出后投喂 1 次，配合饲料的日投饲量（干重）为鳖体重的 1% ~ 2%，鲜活饲料日投饲量按存池鳖总重的 5% ~ 10% 投在饲料台上；5 月之后水温 20℃以上时，鳖的活力增强，逐步进入最佳生长期，食量相应增大，投喂量逐渐增加。一般水温 18 ~ 20℃时，2 天 1 次；水温 20 ~ 25℃时，每天 1 次；水温 25℃以上时，每天 2 次，分别在上午 9：00 前和 16：00 后。盛夏季节，必要时傍晚再增加 1 次。

（二）加温养殖

由于鳖最适摄食生长水温在 30℃左右，25℃以上便能摄食生长，10 ~ 20℃便进入休眠期。根据这些特点，有条件的地方可用阳光、地热水、工厂余热水，或是人工加热，使鳖延长摄食生长期，或让鳖在适宜温度下周年摄食生长而不休眠。其中，塑料棚内的空气、池水水质标准、废水治理等均应符合无公害生产要求。

1. "两头"保温

在春秋两季，利用能透光的塑料膜、塑料板等，在鳖池上覆盖薄膜或建造简易温室，通过阳光照射使水温提高到 25℃以上，延长摄食生长期，缩短养殖周期。当进入严寒季节时，棚内温度自然下降，让鳖自然降温休眠，不进行人工加温。池塘管理及饵料投喂与一般养鳖池塘相同。低温季节，避免昼夜温差过大、池水封冻，要及时加盖草帘。当冬季反常升温时，池水温度高到 10℃以上，休眠潜土的鳖复苏爬出，但又不能摄食，白白消耗体能，有的甚至在降温时不能再次潜伏而死亡，这种升温反而有害。这时应掀开棚顶，使水温保持 10℃以下，让鳖安全过冬。

"两头"保温简便易行，成本低，可延长摄食生长时间。

## 2. 集约式控温养鳖

通常采用双层塑料薄膜或塑料板大棚、全封闭式砖石水泥结构温室。大棚或温室内为多层水泥池，通过加温，使水温常年控制在（30±1）℃，鳖在其中周年摄食生长，加温热源主要利用工厂余热、地热及锅炉加热。这一养殖方式最大的特点就是养殖周期短，资金周转快，单位面积产量高。一般产量为 1.6～2.1kg/m²。缺点是投资额度高，能源消耗大，达到无公害生产标准的管理技术要求高。

（1）放养前准备：一是消毒。新水泥池经充分浸泡换水，使其水质不呈碱性，池壁、铺填的沙子或无沙养殖所用的鳖巢需要经漂白粉或生石灰等消毒；二是试运行。热源、电力、充气系统，进排水系统，冷、热水调温池，空间加热系统、光照调节系统、隔热系统，排风扇都要先试运行，运行正常后才能放养。

（2）放养：选择健康活泼的鳖进池，病鳖不能进入温室，鳖体用3%的食盐溶液或0.1‰的高锰酸钾浸泡消毒15min；放养密度根据鳖体大小、管理水平、饲养方式而不同，以 8～10 只/m² 水面为宜；放养后的增温应逐级进行，不能剧烈变动。可每半天升温 2℃，直到最适水温。

（3）饲养管理：主要工作是合理投喂、棚内空气调节、水质控制、定期换水排污、废水处理、消毒防病、控制水温恒定。用专用商品鳖饲料最为理想。一般养鳖饲料饵料系数为 1∶7 左右。每天投喂 2 次，日投量若以配合饲料计算，以存池鳖总重的5% 左右、2h 能基本吃完为合适。饲料投在食台上，以"四定"原则投喂；定期冲新水和换全部水，换水时结合排污消毒，平时控制水温在（30±1）℃。

## 六、食用鳖饲养

（一）放养前的准备

（1）池塘准备。对原有老塘加固清整，进出水口加防逃设施，除去过多污泥，池底彻底干塘翻晒，生石灰消毒，方法与亲鳖池同；如是新开塘，除清整外，还要按养鱼要求施基肥。最好设2~3个塘，以便大小分养。

（2）建造防逃设施。鳖能钻泥挖土逃跑，所以防逃设施要伸入土下20cm以上。

（3）设浮岛。设专用养鳖饲料台和供晒背的浮岛。

（4）调节养殖池水质。先进水30~50cm，在塘角施肥以调肥水质，再加水到80~100cm，使池水透明度达30cm左右，放养水葫芦、水花生等水生植物，占塘面1/6~1/3.

（5）准备鱼种。如进行鱼鳖混养，要准备鱼种。

（6）准备暂养池。将伤残、病弱鳖暂养治愈后再放养鳖池。

（二）饲养

1. 放养

常温养殖食用鳖，鳖种一般选150g以上幼鳖。放养时间一般选在4月左右、水温20℃以上时进行，选在无风的晴天。鳖体用3%的食盐水或0.1‰的高锰酸钾溶液浸泡消毒15min。放养密度根据池塘条件、饲喂水平、鳖体大小、不同季节、养殖方式而有所增减。一般100~150g体重的鳖，放养4~5只/m²，最好按大小分池饲养，在以后4~6个月养殖过程中，一般不再进行分养。放养时，在池边铺草席或直接放岸边，让鳖在草席或岸边自动爬入水中。最好选在放养水草的岸边进行，让鳖入池很快找到藏身之处。

2. 投喂

一般配合饲料投喂效果较好，经济效益优于天然饲料。在常温养殖情况下，根据鳖的摄食规律，4月之后水温升到20℃以上时，一般日投喂量占存塘鳖总重的0.1%~1%；到5月，逐步增加到3%；6~8月投喂量为塘鳖总重的3%~4%；9月投喂量为塘鳖总重的2%~3%。6~9月是鳖生长的黄金时期，投饵要足，投喂量为塘鳖总重的0.5%~1%。

### 3. 水质管理

生长季节保持水质透明度25~30cm，水面放养水生植物，使鳖池水质肥爽，让鳖生活有安全感，减少互相打斗。由于鳖在池底生活，要保持鳖池底质良好，能减少疾病和死亡。平时及时清除残饵，每隔20天向池内泼洒生石灰1次，用量$10g/m^3$水体。由于常温养鳖池面积较大，平时不需经常换水，但在生长季节要常用水泵原塘冲水，能促进鳖吃食，改良池塘内环境。混合搭配适量鱼类对改良池塘环境也有好处，但不能过量放养。

### 4. 越冬管理

10月之后，气温有较大下降，鳖的活动和摄食明显减弱。在进入冬秋休眠之前，选择晴天无风时放干池水，捕出所有的鳖，将达到上市规格的鳖进行暂养上市，达不到上市规格的入保温池或加温池进行强化培育后上市。如没有条件加温培育，应预先准备越冬池，经干池除去污染、太阳暴晒后，根据实际情况铺填消毒后的沙泥，用生石灰消毒，放水到1.5m以上。把未达到规格的鳖按个体大小分类分池，集中到上述池中自然越冬，放养密度按来年春天继续养殖的要求操作。越冬期间不需要投喂，池周保持安静。

## 第五节 鲟鱼养殖技术

### 一、鲟鱼肉质鲜美、口感好

在欧洲，熏制的鲟鱼是较高档的食品。我国黑龙江水系的鲟鱼曾是专供清廷的贡品。随着鲟鱼养殖业的发展，鲟鱼成为被大众接受的较高档水产品。

我国对中华鲟和史氏鲟有以增殖放流为目的的养殖研究基础，所以，中华鲟和史氏鲟的人工商业养殖很快取得成功，并很快推广到全国各地。我国目前除史氏鲟外，养殖技术成熟的还有中华鲟。

## 二、史氏鲟的繁育与养殖技术

### （一）繁殖

#### 1. 自然繁殖

史氏鲟在黑龙江流域的自然繁殖季节为每年的 5 ~ 6 月，此时，已达到性成熟的史氏鲟（体重 6 ~ 20kg，最大个体 100 多 kg）洄游至产卵场。产卵场的条件为水流较平稳，水深 20 ~ 30m，底部为岩石、沙砾。黑龙江萝北江段就是史氏鲟的产卵场之一。卵黏性，黏附于水底的沙砾上孵化。成熟卵的卵径 3 ~ 3.5mm，怀卵量为 11 万 ~ 129.2 万粒。在水温 17 ~ 23℃ 时，受精卵经过 2 ~ 4 天开始陆续出膜。出膜后的仔鱼全长 11 ~ 13mm，靠自身的卵黄行内营养，6 ~ 7 天后开口摄食浮游动物，其后摄食水生昆虫。

#### 2. 人工繁殖

目前，多在原产地黑龙江水域进行，一般在每年的 5 ~ 7 月采捕黑龙江水域自然成熟的亲鱼进行人工繁殖。雌性亲鱼要求体重 15kg 以上，雄性亲鱼要在 20kg 以上，9 ~ 13 龄。在水温 16 ~ 24℃ 时，用促黄体素释放激素类似物（LRH-A）60 ~ 90μg/kg 体重在胸鳍基部注射。用挤压法采集精液，手推法或剖腹法（手术取卵后缝合痊愈，亲鱼可重复使用）采卵，半干法人工授精。卵为黏性，一般用滑石粉或黄泥脱黏后进行孵化。

3. 孵化

常见的是在原产地黑龙江水域由人工繁殖方法生产的受精卵运输到养殖场孵化。所以，史氏鲟的养殖实际上是从受精卵的孵化开始。

史氏鲟的卵大，直径为 2.5 ~ 3.5mm，也较重，每 kg 约 4 万粒。孵化要在微流动的水中进行，或对卵定时进行拨动。特制的专用孵化器有淋水或进、排水系统并定时拨卵。瓶式孵化器用于鲟鱼卵孵化时，需加大水流。实践证明，双层网箱孵化效果也很好，能达到与专用孵化器相近的孵化率。网箱规格为 80cm × 60cm × 50cm，每次孵化卵 1kg。将网箱固定浮置于水质清澈、水流速为 0.8 ~ 1.5m/s 的江湾处，每 20min 翻动 1 次卵。孵化温度为 16 ~ 24℃，最适温度为 17 ~ 19℃。水温高时出膜早而集中；水温低时出膜晚，出膜时间长。在平均水温 17℃ 时，约 105h 出膜；平均水温 21.5℃ 时，约 81h 出膜。

（二）史氏鲟的苗种培育

1. 仔鱼培育

刚孵化出的仔鱼体长 1.1 ~ 1.3cm，做垂直运动。孵化后约 3 天后出现鳔点，可进行平游。

仔鱼培育可在玻璃钢水槽中进行，也可在水泥池中进行。在池的边缘设进水口并在池的中央设排水口。进水口和排水口都应设拦鱼栅以防逃逸。进水以喷头式或喷管式为好，可以起增氧作用，并使水体维持轻微流动。水温以 18℃ 为宜，溶氧要求比传统家鱼高，要保持在 6mg/L 以上。水位调节在 20 ~ 30cm，以后随仔鱼的生长逐渐增加。放养密度为 5 000 ~ 7 000尾/m²。

仔鱼在此期间靠自身卵黄生长，当仔鱼全长达到 21mm 时，卵黄已基本消失，肛门有黑色素栓排出时，就进入了开口期。

2. 开口期的饲养管理

史氏鲟开口期是最为敏感的阶段，此时鱼苗体质最弱，易受外界环境变化的影响，摄食不足等都会引起鱼苗的大批死亡。

史氏鲟鱼苗的开口有多种方式：

（1）直接投喂颗粒饵料。此方法简单，饵料费用也低，鱼苗能在1~2周适宜人工饵料。缺点是成活率低，最高只能达到35%~40%。

（2）先用鲜活生物饵料开口，然后逐渐转化为人工饵料。目前，多采用此方法。先用卤虫无节幼体，再依次使用水蚤、切成段的水蚯蚓、整体的水蚯蚓。使用鲜活生物饵料饲养鱼苗到1g左右，再用人工饵料使其转食（也称之为驯化）。在转食过程中也可以在人工饵料中加入部分生物饵料制成软颗粒饵料、或以鲜活饵料研浆浸泡颗粒饵料使鱼苗易于接受，此方法的成活率可达到70%。

（3）交替投喂法。交替使用鲜活生物饵料和人工饵料，并逐渐减少鲜活生物饵料的投喂次数，增加人工饵料投喂的次数，最后达到完全转食到人工饵料。此法成活率可达到50%。

用上述3种方法饲养时，都要保持饵料有足够大的密度，使鱼苗能够保证摄食。鲟鱼苗在此时期主动摄食的能力差，摄食有相当的随机性。并要及时清除残饵和粪便，保持水质的清洁。目的一是防止鱼苗染病；二是保持水中有足够高的溶氧。鱼苗在溶氧低的情况下食欲下降甚至不摄食。不同规格鲟鱼苗的投饵频率和时间，见表4-3。

表4-3　史氏鲟鱼苗投喂频率和时间

| 鱼体重（g） | 日投喂次数 | 饵料时间（h） |
|---|---|---|
| 0.07~0.3 | 12 | 每2h投1次 |
| 0.3~0.5 | 8 | 5、8、11、14、16、18、20、22 |
| 0.6~1.5 | 6 | 5、8、13、16、18、22 |
| 1.6~3 | 4 | 6、13、16、23 |

开口期的放养密度应为 2 000 ~ 3 000尾/m²。随着鱼苗的生长，不同体重、温度下的鱼苗的放养密度，可参考表4 - 4，水温应控制在 18 ~ 21℃，并避免水温的急剧变动。水位保持在 40 ~ 50cm。开口期饵料投喂量大，残饵多，为便于排污可使水体呈微流动或微转动状态。

表4 - 4    史氏鲟鱼苗的放养密度

| 鱼体重（g） | 温度（℃） | 平面密度（尾/m²） | 立体密度（尾/m³） |
|---|---|---|---|
| 0.04 ~ 0.07 | 16 ~ 17 | 5 000 ~ 7 000 | 2.5 ~ 3.5 |
| 0.07 ~ 0.5 | 17 ~ 19 | 3 000 ~ 5 000 | 1.5 ~ 2.5 |
| 0.6 ~ 1 | 19 ~ 20 | 2 000 | 1 |
| 1.1 ~ 3 | 20 ~ 22 | 1 000 | 0.25 |

（三）成鱼养殖

鲟鱼苗种培育到一定规格并可以完全摄食人工饵料之后，便可进入成鱼养殖阶段。成鱼养殖可采用室内外水槽、池塘、河渠、网箱围养等，一般采用高密度精养方式；也可以在湖泊、水库等大水面放养。目前，生产上主要以工厂化流水养殖和网箱养殖为主。

1. 工厂化流水养殖

目前，国内采用最多。具有占地面积小，产量高，管理方便的优点。但养殖的投资大，养殖成本高。

2. 水源

可以是井水、水库水、河水或泉水。要求水质良好，无污染，溶氧不低于 6mg/L。养殖用水可以一次性使用，也可以经处理后重复使用。

3. 成鱼养殖池面积

一般为 10 ~ 30m²，最大不超过 50m²，池深 1.2 ~ 1.8m，根

据养殖的鱼种规格调整到适宜的水深。一般采用砖砌、混凝土结构，池内壁用水泥抹平压光，保持较好的光洁度。池底向排污口倾斜。

4. 放养密度

应根据种类和鱼种规格、养殖技术水平而定。如中华鲟游动频繁，不集群，放养密度应低些；而史氏鲟喜集群白天不愿活动，游动范围小，应适当增大放养密度。在可能的情况下，应尽量放养大规格鱼种以缩短养殖周期，提高存活率。鲟鱼的放养密度，可参照表4-5。

表4-5　鲟鱼放养密度

| 规格<br>（g） | <30 | 31~120 | 121~300 | 301~<br>600 | 601~<br>1 500 | 2 000~<br>3 000 |
|---|---|---|---|---|---|---|
| 密度<br>（尾/m²） | 60~80 | 40~55 | 25~40 | 15~25 | 10~15 | 5~10 |

5. 水温调控

鲟鱼种类不同，最适宜生长温度也不同，一般在17~27℃，有条件的养殖场最好设置配套的锅炉加热设备，在低温季节加热升温，为鲟鱼提供最适的生长条件。

6. 水质管理

进入鱼池的水应无污染、清洁、无杂质，若水源水质差，应处理后再使用。由于鱼池内载鱼量较大，必须保证一定的水体交换量，50m³ 左右的鱼池视水温、放养密度等情况，一般控制在1~4h 交换1次。另外，还应配备增氧设备，防止水体缺氧。

7. 投喂

转入成鱼食性的鱼种一般能完全接受配合饲料（若没有驯化转食好，应继续完成驯化转食），因此，可以直接投喂相应粒径的颗粒饲料。饲料规格因鱼体大小而异。投喂量依水温高低、鱼种规格大小进行调节。饲料的利用效率与投喂频率有很大关系。鱼体越小，投喂应越频繁。鲟鱼惧强光，如史氏鲟夜间摄食活动活跃，应根据其摄食规律，晚间适当增加投饵量，白天酌减。另外，在投喂时应减少或暂停池内水的流动以利摄食。

8. 日常管理

经常观察池底排污口集污情况，及时打开排污阀门排污；每日上、下午各测水温 1 次，每周测溶解氧（必要时增加测量频率）、pH 值 1 次，并做记录；每个月抽样检查鲟鱼的生长情况，测量体长，根据生长情况适时调整放养密度。如池内鱼的生长有差异，大小不齐时，应分池饲养；经常观察鱼的活动。鲟鱼的一些习性与常规养殖鱼类不同，如中华鲟生性活跃，是典型的底栖性鱼类，一生均紧贴池底或池壁游动。若一旦发现卧于池底不动或到水体中、表层活动，均表明鱼的不正常，应注意是否发生缺氧或鱼病等。

9. 越冬

北方地区常年水温较低，冬季来临时，若鲟鱼未达到商品规格，就必须越冬，鲟鱼越冬一般采用两种方式。一是室内水泥池越冬，当水温降至 12~14℃时，即把网箱内的鲟鱼按规格分类，移到室内越冬水泥池越冬。越冬水温在 5℃以下不需投饵、5℃以上则需适当投喂。水温升到 10℃以上即可结束越冬；二是冰下越冬，即把带盖的网箱沉到距水面 1m 以下的水层越冬。

## 第六节　鲫鱼养殖技术

鲫鱼的适应能力很强，几乎在所有淡水水体中都有生存，在我国分布十分广泛，经过长期的生态适应，形成了许多地方性种群，其亚种和种群丰富。自 20 世纪 60 年代末以来开展了鲫鱼的选育和育种研究，开发出彭泽鲫、方正银鲫、异育银鲫、工程鲫、湘云鲫等多个优良品种，还从日本引进了大阪鲫。其中，经济价值较高、养殖性能较好的有银鲫、彭泽鲫、大阪鲫等。

## 一、鲫鱼的生物学特性

### （一）形态特征

鲫鱼的体型可分为低型和高型两种。低型的体高为体长的40%以下，高型则为40%以上，有的高达46%。高型鲫生长比低型鲫生长快。

### （二）鲫鱼生活习性

鲫鱼是底层鱼类，喜生活在底质肥沃、水草繁茂的浅水区。鲫鱼比鲤鱼更强的适应性，能忍受0℃的低温，也能忍受0.1mg/L的低氧，在pH值9.8以下的强碱水体中也能繁殖生长，最适合生长水温为25～30℃。

### （三）鲫鱼的食性特点

鲫鱼是典型的杂食性鱼类，食性很广，几乎什么都吃。仔鱼（刚孵出的鱼苗）阶段主要摄食浮游动物；稚鱼（全长2～3cm）除摄食浮游动物外，兼食绿藻类；幼鱼（大规格鱼种）至成鱼主要摄食浮游生物、底栖生物、腐殖质、有机碎屑、各种水草及高等植物的种子等食物。在人工养殖条件下，喜食各种人工配合饲料。大阪鲫体长1.7～2cm时，主要摄食浮游动物；体长2～2.3cm时，摄食浮游植物占60%～65%，浮游动物占30%；体长8cm时，转为摄食浮游植物和有机碎屑、商品饲料；体长31cm时，主要摄食浮游植物。在人工饲养条件下，喜食商品饲料。总的来说，大阪鲫鱼是兼食浮游生物（以浮游植物为主）的杂食性鱼类，食性与鲢鱼相似。

### （四）生长

鲫鱼是中型鱼类，常见个体150～250g，生长速度较缓慢。不同品种、不同水域的鲫鱼，生长速度有一定差异。野鲫生长较慢，银鲫、彭泽鲫、大阪鲫生长则较快，湘云鲫比异育银鲫生长快，异育银鲫比彭泽鲫生长快。

## 二、池塘养殖

### （一）鱼池的基本条件

注排水渠道分开，避免相互污染；池塘无渗漏，淤泥厚度小于10cm；进水口加密网（40目）过滤，避免野杂鱼和敌害生物进入鱼池。鱼苗池和鱼种池要求池底平坦、淤泥少；一般而言，鱼苗池面积1～3亩，水深0.8～1m；鱼种池面积2～5亩，水深1～1.5m；成鱼池面积3～5亩，水深1.5～2.5m。水源的水质良好、溶氧量较高，pH值允许范围6.5～8.5，最适范围7～8，池水透明度一般掌握在20～40cm，不含有毒物质，养殖用水符合安全用水要求。

### （二）鱼苗鱼种的培育

#### 1. 鱼苗池清整

鱼苗池每年均应及时整修，清除过多淤泥，修补漏水处及护堤、护坡。将池底整平，清除杂草。冬季将池水排干，经过长期冰冻日晒，减少病害。

#### 2. 施基肥培育饵料生物

施基肥应在鱼苗入池前5～7天内进行。清塘后，在鱼苗池内注水50～60cm，在池角施有机肥培育鱼苗的适口天然食物（饵料生物）。施肥量一般为人粪尿或畜粪1亩300～500kg，或绿肥每亩200～400kg。为加速肥水，可兼施化肥，一般为1亩施氨水5～10kg，或施尿素、硫酸铵、硝酸铵等4kg，再加过磷酸钙3～4kg。施肥后使水质达到中等肥度，即透明度30cm左右，不要过肥或清瘦。鱼苗下塘前3～4天，每亩放12～13cm的鳙鱼300～400尾作为"食水鱼"，吃掉枝角类，延长轮虫高峰。当池水肥度适当，枝角类尚未出现时，不要放食水鳙鱼，以免其吃掉轮虫，对鱼苗不利。但放养鱼苗前必须将所有的食水鱼全部捕出来，以免其吞吃鱼苗。放养水花前要用密网拉网 1～2 遍，去除池中可能存在的水生昆虫、野杂鱼、蝌蚪及蛙卵等敌害。

### 3. 鱼苗下塘注意事项

适时下塘，当鱼苗孵出 4～5 天，鳔点出齐，卵黄囊基本消失即可入池。过早下塘，鱼苗活动力弱、摄食能力差；过晚下塘，卵黄囊已吸收完，身体因营养缺乏而消瘦，成活率低。鱼苗入池前可在捆箱内喂些熟蛋黄，投喂量为每 20 万尾鱼苗喂 1 个熟蛋黄，喂后 2h 即可入池。入池时间适宜在 9：00～10：00，此时水中溶氧上升，水温变化不大，鱼苗容易适应新的环境。鱼苗出孵化池、运输途中及入池暂养时，水温不得超过 4℃，最好在 2℃ 以下。鱼苗入池地点，有风时应选择在上风头。每个池塘应放同批鱼苗，下塘时应准确计数。注意天气预报，雷阵雨、暴风雨的天气不宜下塘。调节水质，若池水太肥，要加新水调节；若水质过瘦，每天需投喂豆浆及适当追肥。

### 4. 鱼苗放养密度

池塘培育放养密度一般为每 1 亩水面投放 10 万～15 万尾。在鱼苗培育的管理中，应保持适宜的水质，每天投喂豆浆 2 次，一般每 1 亩日用黄豆 3～4kg，用量视水质肥度、鱼苗生长及天气情况而酌量增减。经过 15 天的培育，鱼苗可以长成 1.7～2.6cm 的夏花鱼种。此时必须分池养殖，按每亩 2 万～3 万尾的密度分养殖，再经过 20～30 天的培育，可达到 6.6cm 以上的大规格鱼种，用于投放到池塘、胡泊、水库中进一步饲养成鱼。在苗种培育阶段，要注意防止敌害侵袭，尤其是刚刚下塘的鱼苗，要谨防剑水蚤和蝌蚪等敌害的为害，以提高苗种培育的成活率。

### （三）成鱼养殖

鲫鱼成鱼的养殖方式有多种方式，即可在池塘中主养，也可在成鱼池（商品鱼池）中混养，或与其他鱼种套样。生长较快

的品种可采用当年鱼苗养成成鱼，生长较慢的品种可由冬片或春
片鱼种养成鱼。鲫鱼除在池塘中养殖外，还可在网箱、稻田、水
库及湖泊中养殖。以下以彭泽鲫、异育银鲫、工程鲫鱼为代表将
养殖方式简单介绍。

1. 成鱼池混养

一般采用与草、鲢、鳙、鲤、团头鲂、白鲫等品种混养方
式。一般面积 2 ~ 20 亩，水深 1.5m 以上的池塘均可，池底有
10 ~ 15cm 厚的淤泥更佳。鲫鱼放养鱼种的规格以 5 ~ 6.6cm 的冬
片鱼种为宜，也可放养大规格夏花鱼种。放养时间宜早不宜迟，
即秋冬季放养比春季放养效果更好。早放养，早适应生活环境，
早开食，早生长。放养密度一般为每亩放养 150 ~ 250 尾。饲养
管理采用常规方法。鲫鱼在成鱼池中养殖，成活率可达 80% 左
右。鲫鱼种经 180 ~ 200 天的饲养，平均规格可达 0.2kg 左右，
每 1 亩产量可达 20kg 以上。

2. 鱼种池套养鲫鱼

可在草、鲢、鳙、鳊、鲂等鱼种池内套养成鱼，而不适宜套
养在鲤鱼、罗非鱼的鱼种池内。鱼种池面积 1 ~ 3 亩，水深 1 ~
1.5m。池塘的清整、消毒、施肥等均按常规方法进行。

(1) 鲫鱼在其他鱼种池套养，只能放养夏花鱼种。放养时
间宜早不宜迟，一般在主养夏花鱼种分塘转入冬片鱼种培育时，
就应该放入鲫鱼夏花鱼种养殖；放养规格宜大不宜小，放养密度
为每亩 150 ~ 220 尾。

(2) 鲫鱼夏花鱼种在鱼种池中套养，由于鲫鱼为底层鱼类，
一般不影响主养鱼种的生活空间，可充分利用水体。因此，鲫鱼
夏花鱼种在鱼种池套养，基本上不影响主养鱼种的放养密度和出
池规格；而且鲫鱼在鱼种池中主要是摄食残饵和池底动植物等，
也基本上不需要增加资金和饲料的投入。

(3) 在通常饲养管理条件下，鲫鱼夏花鱼种在鱼种池中套

养，经过 150 ~ 180 天的饲养，出池规格可达 200g 以上，每亩可增收鲫鱼成鱼 25 ~ 40kg。

（4）主养殖鲫鱼的池塘面积 4 ~ 20 亩，水深 1.5 ~ 2.0m，塘底淤泥 10 ~ 15cm，每亩配备 0.3kW 叶轮式增氧机。放养鱼种前一周用生石灰清塘消毒，消毒后 2 ~ 3 天注水，注水时用网栅在入水口过滤以防止野杂鱼入池。

（5）每亩放养 3 ~ 4g 的鲫鱼冬片鱼种 1 500 尾左右或大规格夏花鱼种 2 000 尾，搭配花鲢冬片鱼种 20 ~ 30 尾，白鲢冬片鱼种 150 尾及团头鲂冬片鱼种 100 尾。鲫鱼易受惊吓，养殖过程中切忌搭配草、鲤等抢食能力强的鱼类，以免影响主养鱼的摄食生长。放养时间宜早不宜迟。放养密度直接影响鲫鱼生长速度、商品规格、市场销售价格及养殖成本。应该根据鱼种规格、池塘条件、管理水平及资本情况，合理计算放养密度与养殖效益的关系，以最小的投入得最大利润。实践证明，放养平均规格 50 ~ 60g/尾，放养密度每 1 亩放养 1 500 ~ 2 000 尾，商品鲫鱼出塘规格在 350 ~ 400g，投入产出比最合理。

（6）饲养管理。以投喂精饲料为主，结合施肥培育水质为辅。成鱼的饲料要含蛋白质 30% 以上，饲料粒径 2 ~ 3mm 为宜，最大不超过 3.5mm。饲料应符合《饲料和饲料添加剂管理条例》和农业部《无公害食品  渔用饲料安全限量》NY 5072—2002 的要求，可以参照《鲤鱼配合饲料》SC/T 1026—2002。驯化期间每次投饵时间为 30 ~ 40min，驯化期间水深 80 ~ 100cm，驯化成功后再放养鲢鳙鱼，因为鳙鱼也摄食颗粒饲料，对驯化影响很大。驯化期间水质要清爽。定点投喂，日投喂 3 ~ 4 次，日投喂量根据鱼体生长情况、天气、水温和鱼的摄食强度而定，并根据水质情况适时施肥或加注新水。水质保持肥瘦适中，透明度控制在 30 ~ 40cm。每月注水 2 ~ 3 次，每次注水 15 ~ 20cm；7 ~ 8 月份每月换水 1 ~ 2 次，每次注水 30 ~ 40cm。

## 第七节 垂钓园的管理技术

垂钓是人们劳逸结合的渔业活动之一。近年来，垂钓业得到很大发展，它集休闲、娱乐、旅游、餐饮等行业与渔业有机结合为一体，提高了渔业的社会、生态和经济效益，形成一种新型产业，并逐步成为现代渔业的一个支柱产业，而且其市场前景十分广阔。首先，度假娱乐，拓宽了垂钓空间。现在我国的节假日增多，这为人们提供了充足的休闲时间，不少城镇居民把垂钓娱乐作为日常休闲的重要内容，使垂钓业日益看好，垂钓市场不断拓宽；其次，收入提高，拉动了垂钓消费。随着我国社会经济迅速发展，国民收入显著增加，在全国各地掀起了"垂钓热"，休闲垂钓成为促进消费、拉动经济发展、加快渔民致富的重要手段。但垂钓项目毕竟有别于传统的种养模式，且有技术性强、风险较高的特点。要做大做强垂钓业，应以市场为导向、以特色为依托、以经营单位为基础、以科技和社会化为手段，将垂钓业产前、产中、产后诸环节联结为一个完整的产业系统，实现一体化经营。

### 一、垂钓园的经营类型

养殖垂钓型

这是由养殖业发展而来的类型。利用现有鱼池，以养殖为主兼营垂钓，垂钓品种多为常规养殖品种。此种类型用工少，成本低，但属于坐门等客，一般收入较低，仅比常规养殖增加收入10%～15%，多分布在交通不便的远郊乡镇。

1. 养钓结合型

此种类型是利用池塘水面多的优势养钓并重。将池塘部分用于养殖，部分用于垂钓。供游客垂钓的鱼全部来自本家池塘，不需经过长途运输，鱼的品质好，上钩率高，较受游客欢迎，一般客源较多。此种类型具有成本低、见效快的特点，利润较高，一般能达到40%左右，可明显增加养殖户的收入。

2. 专业垂钓型

将池塘进行简易或硬化改造，配备遮阴篷、坐椅或安装简易遮阳伞及座位，提供钓具、钓饵并有专人服务，为游客提供饮料、矿泉水和便餐，垂钓品种以外购为主，除常规品种外，罗非鱼、斑点叉尾鮰、淡水白鲳、虹鳟、鲟鱼等占有较大比例。此类方式配套服务设施较完善，对游客的吸引力大于上述类型，并能承接单位、团体举办垂钓比赛活动，一般收入较高，可高于常规养殖生产1~1.5倍，多分布于交通便利的城区周围。

3. 常年垂钓型

此种类型除具备前述类型的特点外，并修建越冬温室大棚可供游客全年四季垂钓。高温季节利用池塘垂钓，自然水温降至10℃以下时利用室内垂钓。此种类型既满足了游客冬季垂钓的要求，又可达到常年收益，效益明显高于前述类型。但由于温室基建成本较大，在推广发展上局限较大。

4. 垂钓、餐饮、观光、娱乐型

这种类型将垂钓与餐饮娱乐等有机结合，既能满足城镇居民生活质量提高的需求，体现人与自然的和谐，也有利于带动相关产业的发展，经济效益和社会效益明显，具有良好的发展前景。游客即能垂钓观光，又可餐饮住宿，企业投资的休闲渔业，既满足自身对水产品的需要，又满足了消费者对品尝水产品的需求，特色餐饮、娱乐项目，都对游客具有很强的吸引力。

## 二、垂钓池塘的饲养管理

### 垂钓场的选址

根据本地区的实际情况，尽量在远离喧闹的乡村建造垂钓游乐场，要求环境清净，绿树成荫，为垂钓者营造大自然的氛围。要求水源充足无污染，水底要求保水力强，不渗不漏。注排水方便。要抓好清淤消毒，清除部分沉积的淤泥，改良地质。在鱼种放养前 7～10 天以生石灰按每米水深亩用 75～90kg 化水全池泼洒消毒。条件差的水面宜配设增氧机或取水机械。

1. 注意合理放养

由于人们的喜好不同，消费水平参差不齐，垂钓鱼塘在投放时应做到品种，规格多样化，以适应不同消费者的需求。垂钓对象一般有鲤鱼、鲫鱼、团头鲂、草鱼、青鱼等吃食性鱼类，同时，放养一定量的鲢鳙鱼，虽然不易咬钩，但可以滤食水中的浮游动物，起到利用上层水体，净化调节水质的作用。亩投放规格 30～50g/尾的黄颡鱼 30 尾，以消灭水体中挣食、耗氧的野杂鱼。放养一定量色彩艳丽的鱼，提高垂钓者的兴趣；还可以根据当地的饵料及水质条件确定放养品种，草源丰富可主养草鱼、鳊鱼等草食性鱼类。螺、蚌较多可主养青鱼、鲤鱼等。另外，放养品种要求无污染、无公害。外购暂养品种，必须选择好进鱼渠道，确保购入的水产品绿色无污染；一般在立春前后放养。放养暖水性鱼类也必须在五月上旬，放养时间应选择晴朗天气，以避免鱼种受冻死亡；还应该合理控制投放密度，密度过小，不易上钩，垂钓效益不好，密度过大，由于脱钩，断线等情况经常发生，鱼体容易受伤，水质难以控制，养鱼风险高。一般情况下，以鲤、鲫等耐低氧，可垂钓季节的为主养鱼的垂钓池，亩放养量控制量在 800kg 左右为宜。以草、青、团头鲂等需氧量的鱼为主养的垂钓池，亩放养量控制在 550kg 左右为宜；放养方式灵活。可采取一次放足，分期钓捕，捕大留小，也可以多次放养，分期钓捕，捕大补小，也可以以钓定补，随钓随补，保证随钓随有，以钓增值。

### 2. 灵活投喂饲料

精养池投饵的唯一目的是使鱼塘增重，提高鱼产量。然而垂钓池不仅要考虑池鱼的增重，更重要的是不影响咬钩率。既不能像精养池一样投喂，降低上钩率，也不能少喂或不喂饲料，造成池鱼体重下降，池鱼发病率增加。垂钓鱼塘应灵活投喂，垂钓淡季，可以同精养池一样投喂，保证池鱼正常生长；垂钓旺季（一般是周末，节假日），投喂营养全面，蛋白质含量30%左右的配合饲料，日投喂量占池鱼体重的1%~2%，以天黑前的一次投喂为主，使池鱼保持五成饱，经过一夜的消化，次日鱼处于饥饿状态，而不至于影响垂钓上钩。

### 3. 适时调节水质

水体是鱼赖以生存的环境，水质好坏对鱼的摄食和生长有重要影响。水质好，水体的溶解氧高，鱼摄食旺盛易上钩，反之则鱼摄食少，甚至得病死亡。因而，水质调节在垂钓鱼池的经营管理中有着重要作用。水质调节的方法主要有以下几种：一是定期加注新水，一般每10~20天注水1次，每次20cm左右。进入7~8月高温季节，宜每周加注新水，同时，视水质肥瘦排出部分底层水；二是改变放养模式，搭配鲢鱼、鲫鱼、鲶鱼等品种。鲢鱼控制水体肥度，鲫鱼清除残饵，鲶鱼消灭野杂鱼及病死鱼；三是定期泼洒水质改良剂、净水剂等化学制剂或EM复合菌、光合细菌等微生物制剂，分解池塘中的有害物质（如氨氮、亚硝酸盐、硫化氢等），净化改良水质，使用微生物制剂后3~5天不能使用消毒或杀虫类药物，否则，会降低使用效果；四是正确使用增氧机。严格按照"三开两不开"原则，既能增加水体溶氧，促进池中有机物的分解和有害气体的逸出，保持水体生态平衡，又能提高上钩率；五是在鱼池中移植1/5水平的水浮莲或水葫芦等水草，既能吸收水中养分、降低肥度，又能在高温季节起到遮阴降温和美化环境的作用；六是定期全池泼洒生石灰，用量为

$20\sim30g/m^3$，用来净化和消毒水体，减少过多有机悬浮物和防止鱼病的发生。

### 4. 重视鱼病防治

垂钓池里的鱼有部分因脱钩而受伤，经常补充外购鱼容易带进病原体。另外，用药又影响垂钓，这些对防治带来一定困难，所以应引起高度重视，采取综合措施，灵活防病。定期使用生石灰 1m 水深 $10\sim20kg/$亩，进行池水消毒；打捞工具等定期消毒，避免相互污染；坚持巡塘制度，发现死鱼及时捞出。观察水质及鱼类摄食与有无浮头等情况，特别是早上、夏季天闷、雷雨前后、气温突变或刚施肥施药时更要精心观察。勤做养殖日志，建立专门的日记，详细登记水温及库存鱼种与钓捕、死亡鱼种数量，以确定投喂及补放鱼种数量；把好进鱼关，外购鱼一定要严格检疫，发现携带病原体的鱼，必须坚决处理，以便有效控制病害传染。活体异地运输鱼，用漂白粉 $10\sim20g/m^3$ 浸洗 10min。在捕捞、分拣、运输等操作中要熟练、细致，避免鱼体受伤。另外，宣传教育垂钓者，不要人为使鱼脱钩；高温病害多发季节，喂药饵预防疾病，发现鱼病，用药治疗，特别注意鱼药的休药期，用药之后，要停止一段时间垂钓，保证消费者的健康安全。一般杀虫剂（如敌百虫、杀虫王）在 10 天以上，强氯精在 7 天以上，漂白粉在 5 天以上。在情况允许时，用药最好在星期一、星期二进行，以便不影响周末的垂钓。

### 三、垂钓园经营管理

要突出"名优"特色，不断提升垂钓品种。众多的钓鱼爱好者都喜欢钓大鱼、钓好鱼，从而体现休闲垂钓的刺激性、娱乐性和趣味性。因此，经营者应不断调整优化养殖品种结构，由常规向名特优，由小个体向大个体发展。选择那些容易上钩，体色鲜艳，体形优美，观赏、食用、营养价值都较高的品种进行养殖，逐步培育成优质品牌，发挥特色品牌效应。

（一）突出"绿色"特色，确保水产品质量安全

绿色在当今"绿色革命"风暴中，是所有农产品的王牌，那些天然、无毒、无污染、无药残的无公害水产品最受垂钓者欢迎。垂钓品最终要供食用，当然必须注意食用的安全性。所以，垂钓经营者必须打好绿色牌，顺应消费者食用安全这个需求，使自己的垂钓品种达到无公害化。这就要求经营者不能抱着以低价购进劣质水产品供垂钓从而获得暴利这种心态。必须按照国家规定的相关无公害标准进行养殖经营，在养殖经营中应采取合理、科学、先进的养殖手段，确保垂钓品种质量安全。

（二）突出"游乐"特色，全面提升垂钓行业的品位

垂钓本身就是一种游乐活动，既可让人们享受休闲的愉悦，又可满足人们运动的需求。在具体的实践中，应依托当地的资源优势，灵活打好游乐这张牌，带动垂钓业的提速发展。将垂钓业与当地特色旅游业相结合，融为一体，发展旅游垂钓经济。让游客饱览景物的同时又可垂钓于碧溪，在游历中尽情享受把竿垂钓的乐趣；还可举办各种形式的垂钓比赛，以赛会钓友，以赛促钓业；另外，完善休闲娱乐服务设施，进而发展农庄型休闲渔业经济。

（三）突出"服务"特色，创造垂钓发展的良好环境

垂钓业效益的好坏也与垂钓服务的优劣分不开的。垂钓服务具体包括垂钓池边道路及环境的改造，垂钓水面基础设施的建造，钓具的供应，品种及价格信息公布、餐饮服务乃至娱乐服务以及建好钓台，备好钓具、钓饵，推介自己的经营特色。打好"服务"这张牌，也可以使自己的垂钓经营，在众多的经营户中独占风光，同时，在日趋激烈的市场竞争中决胜千里。

# 附录 水产养殖相关的法律法规及河北省部分地方渔业标准目录

一、《中华人民共和国国家标准 渔业水质标准》GB 11607—1989。

二、《中华人民共和国渔业法》由中华人民共和国第十届全国人民代表大会常务委员会第十一次会议于 2004 年 8 月 28 日通过，现予公布，自公布之日起施行。

三、《水产苗种管理办法》（2005 年 1 月 5 日农业部令第 46 号修订 自 2005 年 4 月 1 日起施行）。

四、《饲料和饲料添加剂管理条例》（1999 年 5 月 29 日中华人民共和国国务院令第 266 号发布，根据 2001 年 11 月 29 日《国务院关于修改〈饲料和饲料添加剂管理条例〉的决定》修订）。

五、《无公害食品 渔用配合饲料安全限量》NY 5072—2002。

六、《池塘常规培育鱼苗鱼种技术规范》SC/T 1008—1994。

七、《无公害食品 水产品中渔药残留有限量》NY 5070—2002。

八、《彭泽鲫池塘养殖技术规范》DB/T 624—2005。

# 参考文献

[1] 中国水科院. 淡水池塘养殖场规范化建设技术手册. 2008.

[2] 赵文. 水产技术推广与指导. 北京：中国农业出版社，2006.

[3] 范守霖. 水产养殖员. 北京：中国劳动社会保障出版社，2006.

[4] 黄琪琰. 水产动物疾病学. 上海：上海科学技术出版社，2000.

[5] 姚志刚. 水产动物疾病防治技术. 北京：化学工业出版社，2010.

[6] 曹杰英. 无公害农产品生产技术. 石家庄：河北科学技术出版社，2004.